Fogoh John Muafor

Exploração de escaravelhos e meios de subsistência rurais nos Camarões

Fogoh John Muafor

Exploração de escaravelhos e meios de subsistência rurais nos Camarões

ScienciaScripts

ÍNDICE DE CONTEÚDOS:

LISTA DE ABREVIATURAS E ACRÓNIMOS

CEEAC: The Economic Community of Central Africa

CIFOR: Center for International Forestry Research

COMIFAC: Central Africa Forests Commission

FAO: United Nations Food and Agriculture Organization

FCFA: Franc of the African Financial Community

FMU: Forest Management Units

MINAGRI: Ministry of Agriculture and Rural Development

MINEF: Ministry of Environment and Forests

MINFOF: Ministry of Forests and Wildlife

NTFP: Non Timber Forest Products

REDD: Reducing emissions from deforestation and forest degradation

REDD+:   Reducing emissions from deforestation and degradation, including forest conservation, sustainable forest management and enhancement of forest carbon stocks

RFA: Annual Royalty for the Forest Area

UNDP: United Nations Development Program

USD: United State Dollars

WCMC: World Conservation Monitoring Center

WFP: World Food Program

RESUMO

Os ecossistemas florestais dos Camarões albergam muitas espécies de insectos florestais, algumas das quais são altamente localizadas e/ou endémicas. Estes insectos são produtos florestais não lenhosos (PFNM) históricos que continuam a desempenhar um papel importante na segurança alimentar e na redução da pobreza nos Camarões e em toda a bacia do Congo. Enquanto os gafanhotos, gafanhotos, lagartas, larvas de gorgulho das palmeiras e térmitas são frequentemente recolhidos para alimentação quando disponíveis sazonalmente, muitas outras espécies são exploradas para venda a coleccionadores. Estudos sobre a bioquímica dos insectos florestais comestíveis mostraram que são extremamente ricos em nutrientes alimentares essenciais; com proteínas, hidratos de carbono, gorduras, vitaminas, minerais e valores energéticos comparáveis aos da carne de vaca e do peixe. Outros grupos de insectos, como os escaravelhos, são recolhidos por muitas populações rurais para serem exportados para a Europa, Ásia e América. Este comércio, que dura há mais de duas décadas, é feito através de acordos negociados na Internet ou diretamente com coleccionadores estrangeiros que vêm periodicamente aos Camarões em busca de escaravelhos. Apesar da crescente dependência rural dos insectos florestais para a subsistência nos Camarões e na bacia do Congo em geral, os insectos são frequentemente menos considerados como PFNL úteis pelos investigadores e gestores. A maioria dos intervenientes no sector florestal considera os insectos como pragas e não como um recurso útil que poderia ser gerido para melhorar os meios de subsistência rurais. Consequentemente, a exploração de insectos para fins alimentares ou de rendimento continua a ser informal e não existe legislação específica para apoiar a exploração, o comércio e a conservação de insectos. Com o aumento do problema da pobreza, da insegurança alimentar, da erosão da biodiversidade, da degradação ambiental e das alterações climáticas na Bacia do Congo, é necessário reconsiderar o potencial dos insectos florestais e gerir os recursos de forma sustentável para melhorar os meios de subsistência e a silvicultura participativa nas comunidades dependentes da floresta. Este livro analisa as diferentes formas como os escaravelhos são explorados para fins alimentares e de rendimento nos Camarões.

Palavras-chave: Insectos florestais, Camarões, Segurança alimentar, Rendimento, Meios de subsistência

CAPÍTULO 1

INTRODUÇÃO

O coberto florestal dos Camarões está classificado em três subtipos principais: florestas de planície sempre-verdes, florestas de planície semidecíduas e florestas de montanha (Amariei, 2005). São conhecidas por serem um dos hotspots de biodiversidade em África e prestam uma vasta gama de serviços ambientais, incluindo a conservação da biodiversidade, a proteção das bacias hidrográficas, a proteção dos solos, a atenuação das alterações climáticas globais e uma vasta gama de produtos florestais não lenhosos (PFNM) que são amplamente explorados para consumo próprio e comércio (Davis et al., 1994; Myers et al., 2000; Oates et al., 2004). Na maioria das zonas rurais dos Camarões, muitas pessoas pobres dependem destas florestas para complementar as suas necessidades alimentares e de rendimento.

A insegurança alimentar e a pobreza constituem desafios fundamentais para o bem-estar social e são importantes factores de desflorestação, instabilidade ambiental e alterações climáticas no mundo subdesenvolvido. Em muitos países africanos, não estão disponíveis a nível nacional alimentos suficientes para satisfazer as necessidades de todos os cidadãos (Benson, 2004). Apesar de a agricultura e a criação de animais serem largamente praticadas nos Camarões, foram registados muitos casos de insuficiência alimentar nos últimos anos, especialmente na parte norte do país, onde as condições climáticas são menos favoráveis. Esta falta de alimentos e as elevadas taxas de pobreza conduziram a uma dependência crescente das comunidades rurais da floresta para a sua subsistência.

No entanto, o aumento da dependência das paisagens e dos recursos florestais é um importante fator de desflorestação, de erosão da biodiversidade e de alterações climáticas. A procura de proteínas para satisfazer as necessidades das famílias nas zonas rurais é uma das principais causas da erosão da biodiversidade e da conversão dos ecossistemas. Mais de metade da população dos Camarões e da bacia do Congo vive em zonas rurais e depende da carne de animais selvagens para satisfazer as suas necessidades diárias de proteínas. O consumo anual de carne de animais selvagens nesta zona está estimado entre 1 e 3,4 milhões de toneladas (t) por ano (Wilkie e Carpenter, 1999), sendo 60% das espécies exploradas a taxas insustentáveis (Fa et al., 2002).

Foram previstas muitas medidas para reduzir o problema da insuficiência alimentar e da erosão da biodiversidade nos Camarões e na Bacia do Congo, entre as quais se incluem a intensificação da agricultura, a melhoria do processamento de alimentos e a produção de recursos alimentares alternativos. A necessidade de promover a utilização de PFNL, em particular, como uma alternativa para melhorar os meios de subsistência, reduzindo simultaneamente a pressão humana sobre a biodiversidade, foi amplamente reconhecida (Muafor, 2015). Na maioria das regiões florestais dos Camarões, as pessoas dependem dos PFNM para obter alimentos, medicamentos e rendimentos.

O potencial dos PFNM na segurança alimentar, na redução da pobreza e na melhoria global dos meios de subsistência rurais tem atraído a atenção de investigadores, gestores florestais e decisores políticos de todo o mundo (Arnold e Ruiz Perez, 1999; Belcher et al., 2005; Ruiz Perez, 2005). A valorização pormenorizada e abrangente dos PFNL locais confere um valor acrescentado às florestas, uma vez que proporciona oportunidades para o desenvolvimento de pequenas empresas florestais. Além disso, a exploração de PFNL é considerada menos destrutiva do que a extração de madeira, proporcionando assim uma base mais sólida para a gestão sustentável das florestas (Peters et al., 1989).

De acordo com a Organização das Nações Unidas para a Alimentação e a Agricultura (FAO, 1999), os PFNL são definidos como "bens de origem biológica que não a madeira proveniente de florestas, outras terras arborizadas e árvores fora das florestas", e Mathur e Shiva (1996) classificam os PFNL como "todos os produtos obtidos a partir de plantas de origem florestal e de espécies vegetais hospedeiras que produzem produtos em associação com insectos e animais ou as suas partes e artigos de origem mineral, exceto a madeira". Muitos PFNL foram identificados como benéficos, entre os quais os de origem vegetal (Ndoye et al. 1997; Arnold e Ruiz Perez 1999; Belcher et al., 2005), a carne de animais selvagens (Asibey e Child 1991; Wilkie e Carpenter 1999) e os insectos florestais (FAO 1995; De Foliart 1997; Stack et al. 2003; Vantomme et al. 2004; Muafor et al. 2012, 2014). Embora a importância económica dos PFNM seja frequentemente exagerada (Levang et al. 2005), o potencial dos insectos florestais nos meios de subsistência rurais e urbanos nos Camarões está gradualmente a tornar-se um tópico de grande interesse, uma vez que se encontram entre os PFNM mais abundantes e facilmente renováveis (Muafor 2012; 2014).

De acordo com a FAO (1995), os insectos florestais são importantes produtos florestais não lenhosos (PFNM) que são recolhidos pelos pobres para a sua subsistência. Contribuem muito para a redução da pobreza e a segurança alimentar na África Subsariana. No entanto, é necessário reconsiderar a apreciação do nível efetivo em que estes recursos contribuem para a segurança alimentar e a redução da pobreza (De Follart, 1992). Tendo em conta a sua grande diversidade e as suas vantagens, há cada vez mais preocupações quanto à necessidade de otimizar o potencial dos recursos de insectos como alternativa no desenvolvimento de alimentos para consumo humano e animal, bem como de desenvolver sistemas de mini-pecuária de insectos. Atualmente, o estabelecimento de pequenas empresas de alimentação humana e animal baseadas em insectos está mais desenvolvido na Ásia do que em África (Van Huis et al., 2013). Este livro analisa a exploração de escaravelhos como fonte de alimentação e rendimento nos Camarões e aborda as formas como estes recursos podem ser integrados nas economias locais para melhorar os meios de subsistência rurais e a gestão participativa das florestas.

CAPÍTULO 2

UMA PANORÂMICA DO ESTADO E DA GESTÃO PARTICIPATIVA DAS FLORESTAS NOS CAMARÕES

Potencialidades dos ecossistemas florestais dos Camarões

Os Camarões têm um património florestal total de cerca de 22,5 milhões de hectares, dos quais 17,5 milhões de hectares são exploráveis, o que representa 46% do território nacional. Esta floresta faz parte do vasto e rico maciço florestal da bacia do Congo e é o segundo maior maciço florestal de África, a seguir ao da República Democrática do Congo. Em termos de biodiversidade, os Camarões são o quarto país mais diversificado de África, depois da República Democrática do Congo, da Tanzânia e de Madagáscar (PNUD et al., 2001). Foi identificado um total de 409 espécies de mamíferos nos Camarões, das quais 14 são endémicas. Para além dos mamíferos, os Camarões albergam165 espécies de répteis, das quais 25 são endémicas; 916 espécies de aves, das quais 8 são endémicas, 200 espécies de anfíbios, das quais 63 são endémicas, cerca de 15 000 espécies de borboletas, 542 espécies de peixes, das quais 96 são endémicas, e 9 000 espécies de plantas, das quais 156 são endémicas (PNUD et al., 2001).

Fragmentação florestal e erosão da biodiversidade nos Camarões

Os estudos sugerem que os Camarões têm a segunda taxa de desflorestação mais elevada dos países da bacia do Congo, a seguir à República Democrática do Congo (0,2% de desflorestação líquida). De acordo com a FAO, a taxa média anual de desflorestação nos Camarões aumentou de 0,6% no período 1980-1995 para 1% em 2000-2005 (FAO 2006). Atualmente, estima-se que, entre 1990 e 2010, os Camarões perderam 4 400 000 ha (18,1%) de cobertura florestal a uma taxa média de 220 000 ha (0,90%) por ano (FAO, 2010). A elevada taxa de desflorestação conduziu a um aumento do nível de fragmentação do habitat e muitas espécies da fauna e da flora estão atualmente ameaçadas, em perigo ou à beira da extinção (Tsi, 2006). Os estudos sobre os gorilas do rio Cross, na fronteira entre os Camarões e a Nigéria, comprovam a redução do tamanho das populações de espécies da fauna em resultado da crescente fragmentação dos habitats (Bergl et al., 2008).

Muitos factores são responsáveis pela elevada taxa de desflorestação e perda de biodiversidade nos Camarões, entre os quais se incluem a expansão da exploração florestal, a agricultura, a caça furtiva, a exploração mineira e o desenvolvimento urbano.

a) **Exploração florestal**: As florestas são geralmente exploradas através do abate seletivo de árvores, com implicações negativas tanto para os recursos arbóreos como para a vida selvagem. A produção nacional de madeira nos Camarões está estimada entre 2,1 e 4,2 milhões de m^3 , alguns dos quais são explorados ilegalmente (CIFOR, 2011). Esta procura de madeira levou a uma maior fragmentação da floresta e do habitat da vida selvagem. As actividades de exploração madeireira, como a abertura de estradas, o arrastamento e a criação de parques de madeira, são ferramentas importantes para a degradação da floresta e a erosão da biodiversidade.

b) **Exploração mineira**: A elevada procura mundial de minerais e os preços elevados estão a aumentar as pressões para o desenvolvimento de depósitos minerais. Dada a elevada procura destes produtos de base, as empresas estão a oferecer-se para construir a maior parte das infra-estruturas necessárias ao desenvolvimento de depósitos minerais que se sobrepõem aos recursos florestais. A exploração mineira já afectou drasticamente os recursos florestais e os Camarões continuam a dar início a uma série de grandes projectos mineiros no Leste e no Sul do país. O cobalto, o níquel e o ferro serão explorados na região oriental e uma nova linha ferroviária de cerca de 510 quilómetros ligará os locais de exploração e o porto de águas profundas de Kribi, atravessando a floresta. O desenvolvimento de todas estas infra-estruturas mineiras continua a ser uma das maiores ameaças para os recursos florestais e a biodiversidade global do país (Reed e Miranda, 2007).

c) Agricultura: A agricultura de corte e queima é muito praticada nos Camarões. Esta forma de agricultura está geralmente associada a incêndios florestais que consistem em limpar e queimar progressivamente a paisagem florestal para fins agrícolas. Estes incêndios matam ou suprimem as plântulas de árvores, impedindo assim o estabelecimento de populações de árvores. A progressão das plantações agrícolas industrializadas nos Camarões é igualmente um importante fator de desflorestação e de erosão da biodiversidade (Nke, 2008).

d) Caça furtiva: A caça é uma das principais actividades das pessoas dependentes da floresta, que dela dependem para obter alimentos e rendimentos. No meio rural, a fauna bravia é quase a única fonte de proteína animal. A extração da vida selvagem resultou numa diminuição significativa da população faunística nos Camarões (Tsi, 2006). Diminui igualmente a possibilidade de regeneração da floresta através da disseminação de sementes pelo processo de zoocoria, aumentando assim o risco de extinção de certas espécies vegetais (Nke, 2008).

e) Explosão demográfica: a população dos Camarões está a crescer rapidamente com consequências diretas nos recursos naturais (Nke, 2008). Uma fração maior da população em crescimento (especialmente os pobres e os menos privilegiados) depende da floresta para satisfazer a sua procura de alimentos e de rendimentos. Além disso, a expansão das zonas de reinstalação, a criação de plantações agrícolas de subsistência, a criação de estradas e outras infra-estruturas de desenvolvimento tiveram um grande impacto na estrutura e no conteúdo da floresta.

CAPÍTULO 3

FERRAMENTAS PARA A GESTÃO PARTICIPATIVA DAS FLORESTAS EM CAMEROON

Tem havido uma necessidade crescente de conservar e gerir de forma sustentável os ecossistemas florestais dos Camarões e toda a sua biodiversidade. Os Camarões são parte em vários acordos internacionais sobre biodiversidade relativos à gestão sustentável dos recursos florestais e da vida selvagem. Estas convenções são aplicadas a nível nacional pela lei florestal de 1994 que estabelece os regulamentos relativos à silvicultura, à vida selvagem e à pesca. Esta lei dá a oportunidade a particulares e comunidades locais de terem direitos de gestão sobre pequenas porções de florestas, uma vez que define um sistema de posse da terra que divide e classifica o património florestal dos Camarões em domínios florestais permanentes e não permanentes (MINEF, 1998). O domínio florestal permanente é inteiramente propriedade e gestão do Estado, incluindo concessões florestais (reivindicações), Unidades de Gestão Florestal (UGF), áreas protegidas e florestas municipais. Por outro lado, o domínio florestal não permanente é constituído por florestas comunitárias, domínios nacionais, florestas privadas e sistemas agro-florestais. Com exceção do domínio nacional, todas as outras entidades do domínio florestal não permanente são propriedade e geridas por comunidades locais ou por particulares.

Uma das grandes inovações da lei florestal de 1994 é o envolvimento das populações locais na gestão sustentável dos recursos florestais. Assim, o legislador reconhece a participação ativa das populações a todos os níveis da gestão florestal, em particular no acesso a estes recursos. Muitos conceitos têm sido desenvolvidos para reforçar a silvicultura participativa, entre os quais se incluem a criação e promoção de florestas comunitárias e concelhias e de zonas de caça. Há também o envolvimento das comunidades locais na partilha dos royalties florestais e do direito de utilização.

a) Zonas florestais e de caça comunitárias

De acordo com o Decreto N°95/531 PM de 23 de agosto de 1995 e o Decreto N°95/466/PM de 20 de julho de 1995, que fixa as modalidades de aplicação da lei florestal de 1994, as florestas comunitárias e as zonas de caça comunitárias são porções de terras florestais, com um máximo de 5 000 hectares num domínio florestal não permanente, sujeitas à gestão das comunidades de aldeia e sob a supervisão da administração florestal. Após a atribuição de uma floresta comunitária ou de uma zona de caça comunitária, as comunidades das aldeias têm pleno direito de gerir e explorar a floresta de acordo com as prescrições de um plano de gestão simples que foi elaborado e aprovado pela administração florestal. O rendimento derivado das florestas geridas pela comunidade é utilizado para o desenvolvimento da comunidade e para a melhoria dos meios de subsistência locais.

b) Partilha do Royalty Anual para a Área Florestal (RFA)

O Royalty Anual para a Área Florestal (RFA) afecta todas as licenças de exploração que são atribuídas através de um processo de concurso e está ligado à área abrangida pela licença. De acordo com Fomete e Djeumo (2001), a RFA é paga pelo direito de acesso ao recurso, e a sua importância relativa no sistema de tributação florestal está ligada ao período de tempo durante o qual a concessão é atribuída. A partilha da RFA é feita através da atribuição de 50% do montante total ao Estado, 20% às comunidades territoriais descentralizadas, 20% à FEICOM e 10% às comunidades locais. Esta abordagem de partilha dos benefícios florestais reforça as práticas de gestão sustentável, uma vez que promove uma situação em que todos ganham.

c) Direito do utilizador

O conceito de direito do utilizador estabelecido pela lei florestal reconhece a importância dos recursos florestais para a subsistência das populações rurais. De acordo com este conceito, as pessoas dependentes da floresta estão autorizadas a colher produtos florestais para a sua subsistência. Na floresta comunitária, na zona agroflorestal e no domínio nacional, as populações locais colhem geralmente diferentes formas de PFNM. Por vezes, este facto dá origem a conflitos entre a população local e os concessionários, por causa da exploração de alguns PFNM, como o grão de Baillonella toxisperma e a recolha de lagartas de árvores de madeira como Triplochitons cleroxylon, Entandrophragma cylindricum, Terminalia superba em concessões florestais. Nas zonas protegidas, todas as formas de intrusão humana são proibidas e, consequentemente, as populações locais não estão autorizadas a explorar os PFNL encontrados na paisagem protegida.

d) Mecanismo REDD e REED+

O mecanismo de Redução das Emissões resultantes da Desflorestação e da Degradação das Florestas (REDD e REDD+) foi recentemente introduzido como um quadro através do qual os países em desenvolvimento serão recompensados financeiramente por quaisquer reduções de emissões conseguidas associadas a uma diminuição da conversão das florestas em utilizações alternativas do solo. Este mecanismo funciona com base numa abordagem de atenuação das alterações climáticas através do reforço das políticas de incentivos positivos em questões relacionadas com a redução das emissões resultantes da desflorestação e da degradação florestal nos países em desenvolvimento; e da promoção de conceitos já existentes em matéria de conservação da biodiversidade, gestão sustentável das florestas, agricultura sustentável e monitorização das reservas de carbono florestal nos países em desenvolvimento.

CAPÍTULO 4

PROBLEMA DA INSEGURANÇA ALIMENTAR E DA POBREZA NOS CAMARÕES

A insegurança alimentar e a pobreza são dois grandes problemas na maioria dos países africanos, sendo os países mais afectados os da região subsariana. Embora os Camarões não sejam normalmente considerados como um dos principais "focos" de fome em África, o problema da insegurança alimentar neste país é real, especialmente nas zonas norte e leste da nação. Numa escala geral, estima-se que a taxa nacional de subnutrição se situe entre 20 e 34%. No entanto, esta taxa é muito mais elevada na região Norte, onde os cereais constituem cerca de 75% da dieta durante todo o ano (FAO, 2001). Na parte sul do país, a maioria das pessoas que vivem nas zonas rurais depende de cereais e tubérculos, com muito pouco acesso a fontes de proteínas. Existem, portanto, casos frequentes de deficiência na maioria dos micro e macro-nutrientes essenciais para uma boa saúde. O problema da subnutrição nos Camarões tem sido largamente favorecido pela pobreza, que continua a manter um controlo férreo em todo o país. No entanto, o nível de pobreza nos Camarões varia de uma região para outra (Quadro 1).

Quadro 1: Índice de pobreza das diferentes províncias dos Camarões

Province	Poverty index of urban population (%)	Poverty index of rural population (%)	Poverty index of total population (%)
Extreme north	35	53	49
North	28	49	44
Adamaoua	26	43	37
East	21	33	30
Center	11	21	16
South	12	20	18
South - west	13	24	21
North - West	16	29	26
West	14	24	21
Littoral	11	21	13
Total	16	35	28

Fonte: MINAGRI/WFP, 2001.

CAPÍTULO 5

O QUE SÃO INSECTOS FLORESTAIS

Os insectos florestais são invertebrados que pertencem ao filo arthropoda e que se encontram em todos os cantos dos ecossistemas florestais. Geralmente, os insectos são caracterizados por um revestimento exterior duro chamado exosqueleto. O corpo dos insectos está dividido em 3 secções: a cabeça, o tórax e o abdómen. A cabeça tem duas antenas e dois olhos compostos. Três pares de patas e dois pares de asas estão ligados ao tórax. Alguns insectos têm asas (Pterygota), enquanto outros não têm asas (Apteryota). Alguns insectos, como os escaravelhos, são geralmente caracterizados por uma asa anterior dura chamada élitro. Os élitros cobrem as asas que voam e ficam encostados ao abdómen em repouso. Todos os insectos dos Pterygota sofrem metamorfose da forma imatura para a forma adulta. Estes insectos sofrem uma metamorfose incompleta ou parcial (têm um desenvolvimento hemimetabólico) ou uma metamorfose completa (têm um desenvolvimento holometabólico).

Nos insectos hemimetábolos, os estádios imaturos, designados por ninfas, são morfologicamente idênticos aos adultos. O desenvolvimento processa-se em fases repetidas de crescimento e ecdise (muda) denominadas instares. As formas juvenis assemelham-se muito aos adultos, mas são mais pequenas e não possuem caraterísticas adultas como as asas e os órgãos genitais (classificadas como Exopterygota). As diferenças entre ninfas de diferentes instares são pequenas, muitas vezes apenas diferenças nas proporções do corpo e no número de segmentos, embora se formem botões externos das asas em instares posteriores. Nos insectos holometábolos, os estádios imaturos são designados por larvas e diferem muito dos adultos (classificados como Endopterygota). Os insectos que sofrem holometabolismo passam por um estádio larvar, entram depois num estado inativo chamado pupa, ou crisálida, e finalmente emergem como adultos.

Os insectos adultos de algumas espécies apresentam um comportamento complexo quando acasalam, produzindo feromonas que comunicam a localização do parceiro e atraem os parceiros de acasalamento. Pode haver conflitos entre machos e fêmeas até que reste um de cada para formar o par de acasalamento. Muitos escaravelhos machos, por exemplo, são territoriais e defendem ferozmente o seu pequeno território dos machos intrusos, utilizando os cornos na cabeça. O acasalamento é geralmente curto, mas pode durar várias horas em alguns casos. Os cuidados parentais variam consoante as espécies, desde a simples postura dos ovos debaixo de uma folha, no caso de algumas espécies, até à construção de estruturas subterrâneas e à alimentação das crias, no caso de outras (Schuster & Schuster, 1997).

Taxonomicamente, existem cerca de 25 a 34 ordens de insectos, dependendo dos pontos de vista dos diferentes entomologistas. A classificação dos insectos continua a ser uma ciência ativa, com alguns especialistas a subdividir os grupos com base em diferenças mínimas e outros a juntá-los com base em semelhanças. O número de ordens de insectos muda ao longo do tempo, à medida que vão sendo determinadas novas evidências sobre as relações evolutivas. No entanto, apesar de algumas destas novas ordens de insectos serem menos populares, a maioria dos amadores de insectos faz geralmente referência à classificação tradicional dos taxa mais comuns (Quadro 2).

Os escaravelhos pertencem aos Endopterygota e são membros de um grupo taxonómico antigo e bem definido, que apareceu nos dados paleontológicos durante o Permiano (290 Ma) (Geertsema& van den Heever 1996).

Os escaravelhos são geralmente caracterizados pelas asas anteriores duras chamadas élitros. Os élitros cobrem as asas voadoras e, em repouso, ficam encostados ao abdómen. A morfologia do abdómen é variável consoante a subordem de escaravelho considerada. Os últimos segmentos transformam-se em órgãos genitais, que são largamente utilizados para a diferenciação das espécies.

Quadro 2: Ordens comuns de insectos na classificação tradicional

Order	Common name	Suitable habitat
Thysanura	Silverfish	More common in damp sheds, medium sized, flattened, silvery scaled.
Collembola	Springtails	Mostly common in soil, possess a jumping organ, some taxonomists do not include these with the insecta
Ephemeroptera	Mayflies	Mainly aquatic, found near rivers and ponds, large wings, three "tails", large compound eyes.
Odonata	Dragonflies	Acrobatic aerial predators, and very large, grasping "raptorial" jaws to capture prey
Orthoptera	Crickets and grasshoppers	Often found in larger grasslands and native trees, where grass and native trees are allowed to go a little wild, feeds on plants
Dermaptera	Earwigs	Mostly found under rocks in most gardens, elongate and dorso-ventrally flattened.
Hemiptera	True bugs	Mostly found feeding on plant sap using their specialised piercing, sucking mouthparts.
Neuroptera	Lacewings	Common predators of other insects, including aphids
Coleoptera	Beetles	The most diverse group of organisms on Earth, mostly found on grassland and forest
Diptera	True flies	Found every where, and generally have just one pair of wings, the second pair are modified into halteres
Lepidoptera	Butterflies and moths	Found in grassland and forest, herbivorous larvae (caterpillars) feed on plants, adult feed on nectar through a long proboscis
Hymenoptera	Bees, ants and wasps	Critically important pollinators in every garden, many small wasps are parasitic, others induce galls on plants. Some show very complex social behaviors.

CAPÍTULO 6

DIVERSIDADE DOS INSECTOS FLORESTAIS, IMPORTÂNCIA ECOLÓGICA E ACÇÃO ANTIPARASITÁRIA DOS INSECTOS FLORESTAIS

Diversidade de insectos florestais

Os insectos florestais são o grupo mais diversificado de organismos vivos na Terra e constituem mais de 60% da biodiversidade global (WCMC, 1992). Nos últimos anos, tem havido muita especulação sobre o número de espécies de insectos na Terra. As estimativas dadas por diferentes autores variam muito, sendo a mais baixa de 2 milhões de espécies (Dolphin & Quicke, 2001) e a mais alta de 30 milhões de espécies (Erwin, 1982). A partir dos trabalhos de Erwin sobre a fauna de escaravelhos da América Central e do Sul, rica em espécies, acrescentou que talvez as espécies de insectos em todo o mundo possam mesmo atingir os 50 milhões (Erwin & Scott, 1980). No entanto, é necessário efetuar mais estudos quantitativos dentro e entre locais, bem como entre taxa, antes de esta estimativa poder ser aceite (Stork, 1988; Gaston, 1991; May, 1992).

Em comparação com outros grupos de espécies de artrópodes e com a biodiversidade global, os insectos são o grupo mais diversificado de organismos vivos nos ecossistemas terrestres. As florestas tropicais, em particular, são conhecidas por albergarem o maior número de espécies de insectos e a sua grande diversidade torna-as muito importantes para o bem-estar humano (Novotny et al., 2006). São muito ricas em escaravelhos (Coleoptera), que constituem cerca de 40% das espécies de insectos conhecidas (Borroret al., 1989). Os escaravelhos florais, em particular, são os mais diversificados no ecossistema africano (Rigout & Allard, 1992, Sakai & Nagai, 1998; Basset et al., 2001). Sakai & Nagai (1998) estimaram que mais de 3.200 escaravelhos florais foram identificados e que as espécies têm uma área geográfica bem definida, algumas das quais são limitadas.

Importância ecológica dos insectos florestais

A importância dos insectos florestais é mais facilmente compreendida em termos de valores instrumentais, ou seja, os valores que têm devido à vasta gama de bens e serviços que fornecem aos seres humanos (Barbault, 1997). Através dos seus esforços de polinização, os insectos tornam possível a produção de muitas espécies de plantas que fornecem às pessoas madeira, alimentos, produtos estéticos, frutos, mel e outros PFNL. Além disso, os insectos sapróxilos desempenham um papel importante no equilíbrio dos ecossistemas florestais, contribuindo para a decomposição da matéria orgânica morta, para o ciclo de nutrientes e para outros processos importantes ao nível do ecossistema (Kremenet al., 1993). Outras espécies contribuem para a decomposição de plantas e animais mortos, melhorando assim o ciclo de nutrientes e outros processos importantes ao nível do ecossistema (Kremen 1992). Alguns insectos são muito sensíveis às alterações ambientais e podem efetivamente servir como bons bio-indicadores na avaliação dos ecossistemas (Bouyer et al. 2007).

Insectos como pragas florestais e agrícolas

Embora os insectos florestais sejam muito úteis do ponto de vista socioeconómico, a sociedade humana sofre prejuízos devido à alimentação e a outras actividades dos insectos. Quando a população de insectos se expande para além de um determinado limiar, pode tornar-se uma praga importante para os recursos agrícolas e florestais. Alguns insectos danificam as culturas alimentares e as árvores florestais. Os insectos podem atacar e danificar materiais armazenados de origem vegetal e animal. A madeira e os produtos à base de madeira podem ser danificados por insectos como as térmitas e os escaravelhos. As plantas, incluindo as cultivadas e as florestais, são constantemente danificadas por insectos. Os danos são causados pela alimentação dos insectos ou pela abertura de túneis nestes materiais para a sua oviposição. Estes danos podem provocar uma redução do crescimento ou mesmo a morte da planta. Os insectos alimentam-se das folhas, do caule, dos frutos e das raízes das plantas, mas os insectos mais nocivos para as árvores florestais são os insectos comedores de folhas e os sugadores de costas.

Os danos podem variar desde infestações ligeiras até infestações pesadas em que as árvores podem ficar completamente desfolhadas. As lagartas gregárias são as mais destrutivas para as folhas, enquanto os escaravelhos representam a grande maioria dos sugadores de troncos. Os afídeos também contribuem para a deformação das folhas. No entanto, os efeitos dos insectos nas plantas dependem do seu número e da intensidade das suas actividades. A necessidade de lutar contra as pragas só é económica quando o seu número atinge o limiar económico. Dado o seu número e ecologia, muitos cientistas e decisores políticos consideram apenas as acções dos insectos como pragas, especialmente o seu papel na perda de produção agrícola e na transmissão de doenças importantes. O lado benéfico dos insectos florestais é frequentemente ignorado, especialmente em África, onde desempenham um papel importante na redução da pobreza, na segurança alimentar e na melhoria geral dos meios de subsistência.

CAPÍTULO 7

FACTOS HISTÓRICOS SOBRE A EXPLORAÇÃO HUMANA DE INSECTOS FLORESTAIS

História da exploração de insectos no mundo

De acordo com Van Itterbeeck e Van Huis (2012), os insectos florestais têm desempenhado um papel importante no progresso humano em todo o mundo. Os insectos têm sido utilizados na alimentação e nas culturas humanas na Europa, Ásia, Austrália, Américas e África durante séculos (Mbah e Elekima 2007; Ramos-Elorduy 1997). Os antigos greco-partanos e os nasamines comiam gafanhotos e gafanhotos como alimento, enquanto os índios norte-americanos consumiam regularmente gafanhotos, formigas, gafanhotos e larvas de moscas (Ene 1963). Ealand (1915) relatou que os camponeses de algumas partes da Europa, como a região da Lombardia, em Itália, se alimentam do abdómen do escaravelho Chafer (Rhizotrogus assimilis Herbst). O povo Yukpa da Colômbia e da Venezuela, bem como os Pedi da África do Sul, há muito que preferem alguns dos seus alimentos tradicionais à base de insectos à carne fresca (Quinn, 1959).

As práticas religiosas animalescas baseadas em insectos foram e continuam a ser uma parte importante da cultura de muitos grupos. No mundo antigo, um dos exemplos mais conhecidos é o culto dos escaravelhos dos egípcios (Cambefort, 1994), em que os escaravelhos rolantes (Scarabaeus sacer Calwer) eram venerados como um análogo do deus-sol (Ra) que fazia o sol rolar pelos céus (New, 2007). Os bosquímanos e os hotentotes da África Austral comiam escaravelhos Dynastidae *(Oryctes sp.* ou *Augosoma centaurus* Fabricius) para adquirir "poderes especiais" que associavam a estes grandes escaravelhos (Reitter, 1961). Os japoneses têm uma tradição de apreciação estética de diferentes taxa de insectos na sua literatura, arte e actividades recreativas (Kameoka e Kyono 2004). As canções dos insectos inspiraram muitos músicos, como Joseph Strauss, que se inspirou na libélula, e Rimsky-Korsakov, que se inspirou no abelhão (Kellert 1993). Além disso, há muito que os insectos são atractivos para os coleccionadores, sendo que as espécies raras podem, por vezes, render somas enormes (New 2007).

A história das utilizações socioculturais dos insectos na África Subsaariana tem-se centrado fortemente no seu papel na segurança alimentar durante os períodos pré-colonial, colonial e contemporâneo. Nos Camarões e em toda a bacia do Congo, os insectos têm sido uma importante fonte de proteínas para as comunidades rurais pobres. Nos últimos anos, os insectos comestíveis e os insectos não comestíveis comerciais estão gradualmente a tornar-se importantes fontes de rendimento para os pobres. No entanto, embora se verifique uma dependência rural crescente dos insectos florestais e dos recursos de insectos para a subsistência e o rendimento, estes produtos não são geralmente incluídos na lista dos PFNL e não são considerados nos regimes de gestão e conservação das florestas.

Esta falta de interesse pelos aspectos benéficos dos insectos deve-se basicamente à ausência de dados. De facto, a maior parte da investigação sobre insectos nesta região centra-se mais nos aspectos negativos dos insectos e considera-os como pragas, em vez de terem um papel benéfico no ambiente e no bem-estar humano. No entanto, alguns autores descreveram a contribuição negligenciada dos insectos florestais para o bem-estar humano na bacia do Congo (FAO 1995; De Foliart 1997; Dounias 2003; Malaisse 1997; Muafor et al. 2012;

Stack et al. 2003; Van Huis 2012; Vantomme et al. 2004). No entanto, é necessário recolher dados mais detalhados para alertar os intervenientes florestais e de conservação sobre o potencial socioeconómico dos insectos florestais e a necessidade de valorizar e integrar eficazmente estes recursos nas estratégias de gestão florestal e de redução da pobreza.

Taxa de insectos comestíveis no mundo

O número de insectos que são realmente consumidos como alimento ainda não está completamente descrito, mas muitos autores forneceram estimativas que são bastante entusiasmantes. De acordo com DeFoliart (1997), cerca de 1000 espécies de insectos são consumidas em todo o mundo. O número de espécies de insectos comestíveis em África é particularmente elevado, por exemplo, 30 espécies de insectos são consumidas no Congo, 22 em Madagáscar, 36 na África do Sul, 62 na República Democrática do Congo e 32 no Zimbabué (DeFoliart, 1997). De acordo com Ramos-Elorduy (1997), cerca de 1391 espécies de insectos são consumidas em todo o mundo, das quais 524 são consumidas em 34 países de África, representando 38% de todas as espécies consumidas. Entre os países mais importantes onde se consomem insectos em África, a República Centro-Africana encabeça a lista com 185 espécies, seguida da República Democrática do Congo com 51 espécies e da Zâmbia com 33 espécies (Ramos-Elorduy, 1997).

Das 1391 espécies de insectos comestíveis listadas por Ramos-Elorduy (1997), 24% pertencem à ordem Coleoptera, 22% pertencem à ordem Hymenoptera, 17% são Orthoptera, 16% são Lepidoptera, 7% são Heteroptera, 5% são Homoptera, 3% são Isoptera, 2% são Diptera e outros 4%. Estas estimativas são muito convencionais, uma vez que muito pouca investigação foi realizada sobre a entomofagia humana na África subsariana (Van Huis, 2003). Nos países onde se realizou uma investigação intensiva, o número de espécies de insectos comestíveis é impressionante (Van Huis, 2003). No México, por exemplo, Ramos-Elorduy (1997) enumerou 348 espécies de insectos comestíveis, enquanto Malaisse (1997) enumerou 38 espécies diferentes de lagartas que são consumidas na região Bemba da Zâmbia, R.D. Congo e Zimbabué.

CAPÍTULO 8
VALOR NUTRICIONAL DOS INSECTOS FLORESTAIS

Os insectos florestais são nutricionalmente muito ricos e podem efetivamente servir como substitutos da carne e do peixe em períodos de disponibilidade. Alguns insectos comestíveis são muito ricos em proteínas, gordura e valores energéticos, enquanto outros são fontes ricas de vitaminas e minerais importantes (Dreyer e Wehmeyer, 1982). Em comparação com a carne de vaca e o peixe, os insectos têm quase a mesma proporção de proteínas, gordura e valor energético (Malaisse, 1997). São também ricos em vitaminas como a VitB1, VitB12, VitB6 e sais minerais, especialmente ferro e cálcio (De Foliart, 1992). A investigação demonstrou que 100 gramas de insectos cozidos fornecem mais de 100% das necessidades diárias das respectivas vitaminas/minerais (De Foliart, 1992). O quadro 3 abaixo apresenta uma comparação do valor nutritivo de alguns insectos comestíveis e de outras fontes de proteínas, como a carne e o peixe:

Quadro 3: Comparação do valor nutritivo de alguns insectos comestíveis, carne e peixe

Foods	Moisture (%)	Proteins (g)	Fat (g)	Carbohydrates [g]	Energy value [kcal]
Fresh caterpillars	81.1	10.6	2.7	4.2	86
Dried caterpillars	9.1	52.9	15.4	16.9	430
Fried caterpillars	20.4	62.3	4.6	6.5	333
Fresh, semi-boiled beef	63.1	18.2	17.7	0	273
Dried, salted beef	29.4	55.4	1.5	0	250
Cooked beef	68.5	22.6	8.0	0	172
Fresh fish	73.7	18.8	2.5	0	103
Dried, salted fish	13.8	47.3	7.4	0	269
Cooked fish	82.1	16.6	0.3	0	74

Fonte: Wu Leung, et al. 1970.

As proteínas dos insectos são pobres em aminoácidos específicos, como a metionina e a cisteína, mas são muito ricas em lisina e treonina (De Foliart, 1992). Segundo Dreyer e Wehmeyer, as proteínas dos insectos são relativamente de qualidade inferior às dos animais vertebrados devido à presença de quitina (Dreyer e Wehmeyer, 1982). No entanto, dependendo da espécie, os insectos são mais ricos em diferentes minerais (K, Ca, Mg, Zn, P e Fe) e/ou vitaminas, como a tiamina/B1, a riboflavina/B2, a piridoxina/B6, o ácido pantoténico e a niacina (Dreyer e Wehmeyer, 1982). De acordo com Malaisse (1997), o consumo diário de 50 gramas de lagartas secas satisfaz as necessidades humanas de riboflavina e ácido pantoténico, bem como 30% das necessidades de niacina.

No entanto, embora os insectos sejam bastante ricos e sejam muito apreciados por muitas pessoas que vivem nas florestas, alguns podem ser tóxicos se forem preparados de forma incorrecta. O consumo de lagartas com pêlos que contêm substâncias tóxicas pode ser muito perigoso se forem consumidas sem que os pêlos sejam devidamente removidos (Tango Muyay, 1981). Para evitar a toxicidade das lagartas peludas, as lagartas são primeiro grelhadas para remover as cerdas, que de outra forma causariam uma comichão intensa e desagradável (Tango Muyay, 1981). Quando se consomem gafanhotos e gafanhotos sem retirar as patas, pode igualmente ocorrer obstipação intestinal, causada pelos grandes espinhos da tíbia (Bouvier, 1945). A remoção cirúrgica das patas dos gafanhotos é então frequentemente a única solução. A autópsia de macacos mortos durante invasões de gafanhotos também mostrou que o consumo de gafanhotos se revelou fatal pela mesma razão (Van Huis, 2003).

CAPÍTULO 9

CONTRIBUIÇÃO DOS INSECTOS FLORESTAIS PARA A MELHORIA DOS MEIOS DE SUBSISTÊNCIA RURAIS NOS CAMARÕES

Mais de 90% da população da bacia do Congo depende, em graus variados, dos recursos florestais, incluindo os PFNM, para alimentação, medicina e geração de rendimentos (COMIFAC, 2008). Nos Camarões, os PFNL comuns incluem frutos como Irvingiag abonensis (manga do mato) e Ricinodendron heudelotii (njansang), folhas comestíveis como Gnetum africanum (Eru), plantas medicinais como Prunus Africana (pygeum) e insectos florestais. Os insectos são uma importante fonte de proteínas e de rendimento em muitas comunidades dependentes da floresta. Na maior parte da África tropical, os insectos florestais são largamente colhidos como iguarias ocasionais ou culturais e como fontes de rendimento quando disponíveis sazonalmente. São uma boa fonte de proteínas em muitas regiões florestais dos Camarões (Balinga, 2003). Entre as espécies de insectos que são consumidas nos Camarões e na bacia do Congo em geral, as lagartas, as larvas de gorgulho das palmeiras, as térmitas, os gafanhotos e os gafanhotos são os mais populares (FAO, 1995; DeFoliart, 1997; Stack et al., 2003; Vantomme et al., 2004, Muafor et al., 2014).

Algumas espécies de insectos florestais ou produtos de insectos, como o mel, são utilizados em práticas médicas tradicionais (Lupoli 2010), enquanto outros são importantes fontes de rendimento (Muafor et al. 2012). A comercialização de insectos e dos seus produtos é uma atividade económica que não pode ser subestimada. O mel é normalmente vendido em mercados e por vendedores ambulantes na maioria das aldeias e cidades dos Camarões. As variedades de insectos comestíveis preferidos são vendidas nos mercados e nas principais estradas que conduzem às cidades. Outros grupos de insectos florestais, como os escaravelhos e as borboletas, são recolhidos por muitas pessoas que vivem na floresta para o comércio internacional de animais de estimação e para os mercados de coleccionadores na Europa, Ásia e América do Norte (Muafor et al. 2012). Com base na sua diversidade e abundância, os insectos florestais são qualificados como uma alternativa potencial na melhoria da gestão participativa das florestas e dos esquemas de conservação de base comunitária (Muafor et al., 2012). Com base na importância dos insectos como alimento nos Camarões e na bacia do Congo em geral, a agroflorestação foi considerada uma prioridade durante a última Conferência dos Ministros da CEEAC sobre economia verde. As partes desta conferência sublinharam a necessidade de valorizar os insectos comestíveis como PFNM, integrando as suas plantas hospedeiras em sistemas agroflorestais.

CAPÍTULO 10

EXPLORAÇÃO DE ESCARAVELHOS COMERCIAIS NÃO COMESTÍVEIS PARA COMÉRCIO DE INSECTOS

O comércio de escaravelhos nos Camarões

Nos Camarões, alguns insectos florestais são colhidos para fins comerciais. Os escaravelhos, em particular, são colhidos por muitas pessoas que vivem na floresta em algumas regiões dos Camarões para serem exportados para a Europa, Ásia e América, através de negociações comerciais na Internet. O comércio de escaravelhos nos Camarões começou no início da década de 1980, quando chegaram os primeiros colectores de insectos europeus e treinaram alguns camaroneses em técnicas de recolha de escaravelhos. Recolheram espécies interessantes de insectos que, na Europa, atraíram outros coleccionadores para os Camarões.

A chegada de coleccionadores de insectos asiáticos, no final dos anos 80, levou a uma concorrência acrescida que empurrou os coleccionadores para o interior, em busca de novas zonas onde pudessem obter grandes quantidades das espécies de insectos pretendidas. O comércio expandiu-se gradualmente por todo o país, criando uma série de intermediários confidenciais. Com o aumento do acesso às tecnologias, muitos intermediários que viviam nas grandes cidades começaram a negociar acordos na Internet e tornaram-se exportadores de insectos. Os escaravelhos recolhidos são exportados vivos ou mortos, por vezes em quantidades muito insustentáveis, uma vez que não existe legislação específica que regule a recolha e o comércio de insectos nos Camarões. Os amantes de insectos são geralmente atraídos pelos escaravelhos, devido à sua grande diversidade, à sua cor muito atraente e à facilidade de os conservar.

Espécies de escaravelhos comerciais nos Camarões

Verificámos que muitas espécies de escaravelhos, especialmente as das famílias Scarabeidae, Lucanidae e Cerambicidae, são exploradas e comercializadas nos Camarões. No entanto, diferentes espécies são colhidas em diferentes localidades, dependendo da ocorrência das espécies e dos seus valores de mercado. A maior parte das espécies com uma distribuição limitada só se encontram em algumas aldeias, o que limita a oportunidade da sua colheita. Nas aldeias onde a diversidade de espécies é elevada, os colectores de insectos visam sobretudo espécies que são vendidas a preços de mercado elevados. Algumas espécies que são frequentemente colhidas para exportação são apresentadas nas tabelas 3 a 22 abaixo.

Placa 1: Stephanocrates preussi Kolbe, 1892

Nome científico: Stephanocrates preussi

Nome comum: Preussi verde

Tamanho: 45 a 55 mm de comprimento

Área de distribuição: Endémica dos Camarões

Distribuição nos Camarões: Terras altas de Lebialem, Monte dos Camarões e zona de Mbyeih

Raridade: Localmente raro.

Habitat: Ecossistemas florestais montanos húmidos, predominados por arbustos. **Limites altitudinais:** 1500 a 2000m

Estado de conservação: Não classificado

Ameaças à conservação: Destruição do habitat e exploração de adultos para o comércio de insectos.

Placa 2: *Stephanocrates preussi* **Kolbe, 1892**

NB: Esta é uma forma de *S. preussi*

Nome científico: *Stephanocrates preussi* (forma azul)

Nome comum: Bleu preussi

Tamanho: 45 a 55 mm de comprimento

Área de distribuição: Endémica dos Camarões

Distribuição nos Camarões: Encontrado apenas na
Terras altas de Lebialem

Raridade: Extremamente raro a nível local.

Habitat: Ecossistemas florestais montanhosos húmidos, com predominância de arbustos.

Limites altitudinais: 1500 a 2000m

Estado de conservação: Não classificado

Ameaças à conservação: Destruição do habitat e exploração de adultos para o comércio de insectos.

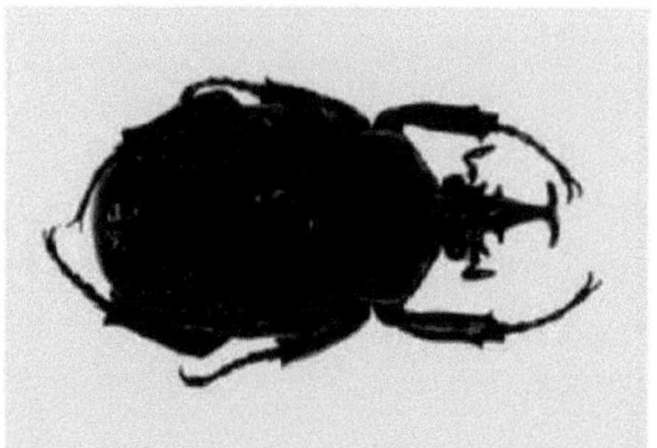

Placa 3: Fornasinius aureosparsus Van de Poll, 1890

Nome científico: Fornasinius aureosparsus **Nome comum:** Escaravelho preto de pintas brancas ou Fornasinius

Tamanho: 40 a 70 mm de comprimento

Área de distribuição: Endémica da Nigéria Oriental e dos Camarões

Distribuição nos Camarões: Regiões Sudoeste, Centro e Sul

Raridade: Extremamente raro a nível local.

Habitat: Ecossistemas florestais húmidos sempre verdes.

Limites altitudinais: 300 a 900m

Estado de conservação: Não classificado

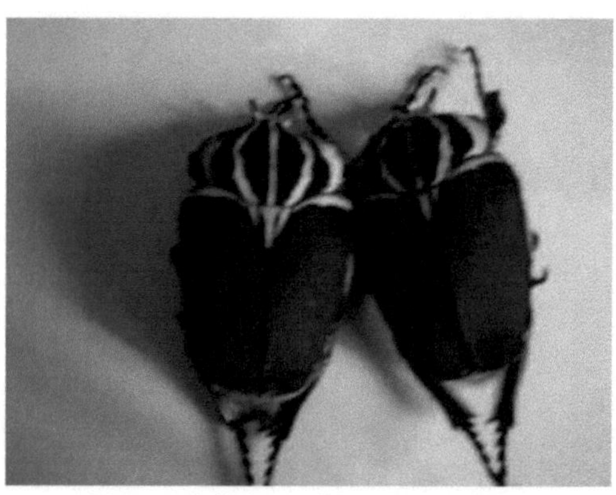

Placa 4: Goliathus goliatus **(Drury, 1770)**

Nome científico: Goliathus goliatus

Nome comum: Escaravelho goliata castanho

Tamanho: 50 a 110 mm de comprimento (um dos maiores escaravelhos de África)

Área de distribuição:África Ocidental e Central

Distribuição nos Camarões: Bakossi-

Paisagem de Korup- Takamanda

Raridade: Relativamente abundante a nível local

Habitat: Ecossistemas florestais húmidos sempre verdes.

Limites altitudinais: 300 a 500m

Estado de conservação: Não classificado

Ameaças à conservação: Destruição do habitat e exploração de adultos para o comércio de insectos.

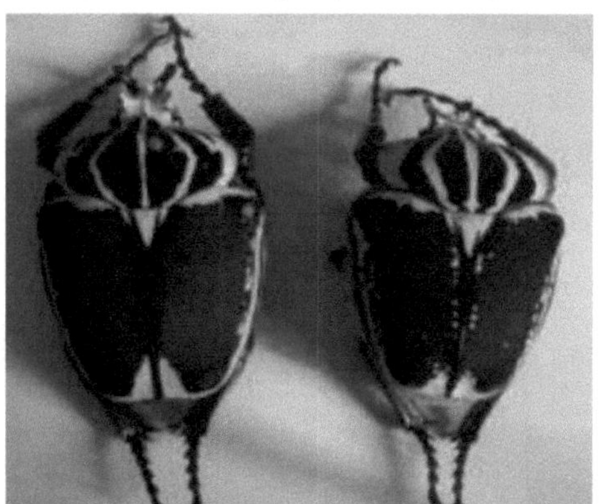

Placa 5: Goliathus goliatus apicalis **Kraatz, 1889**

NB: Trata-se de uma forma de escaravelho goliathus

Nome científico: *Goliathus goliatus apicalis*

Nome comum: Escaravelho goliata castanho com estrias brancas

Tamanho: 50 a 110 mm de comprimento (um dos maiores escaravelhos de África)

Área de distribuição: Camarões, Congo e Gabão

Distribuição nos Camarões: paisagem de Bakossi- Korup- Takamanda

Raridade: Localmente menos abundante

Habitat: Ecossistemas florestais húmidos sempre verdes.

Limites altitudinais: 300 a 500m

Estado de conservação: Não classificado

Ameaças à conservação: Destruição do habitat e exploração de adultos para o comércio de insectos.

Placa 6: Goliathu sgoliatus conspersus **Kraatz, 1889**

NB: Trata-se de uma forma de escaravelho goliathus

Nome científico: *Goliathus goliatus conspersus*

Nome comum: Escaravelho goliata castanho com pintas brancas

Tamanho: 50 a 110 mm de comprimento (um dos maiores escaravelhos de África)

Área de distribuição: Endémica dos Camarões

Distribuição nos Camarões: paisagem de Bakossi- Korup-Takamanda

Raridade: Localmente raro.

Habitat: Ecossistemas florestais húmidos sempre verdes.

Limites altitudinais: 300 a 500m

Estado de conservação: Não classificado

Ameaças à conservação: Destruição do habitat e exploração de adultos para o comércio de insectos.

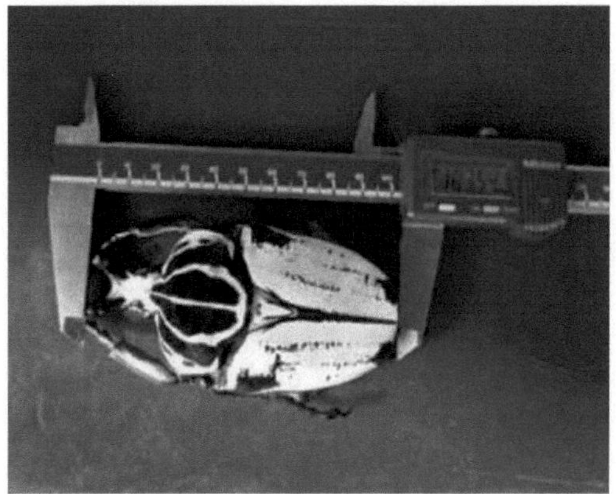

Placa 7: Goliathus goliatus albatus **Kraatz, 1889**

NB: Trata-se de uma forma de escaravelho goliathus

Nome científico: *Goliathus goliatus albatus*

Nome comum: Escaravelho goliata branco falso

Tamanho: 50 a 110 mm de comprimento (um dos maiores escaravelhos de África)

Área de distribuição: Endémica dos Camarões

Distribuição nos Camarões: Bakossi- Korup-

Paisagem de Takamanda

Raridade: Localmente muito raro.

Habitat: Ecossistemas florestais húmidos sempre verdes.

Limites altitudinais: 300 a 500m

Estado de conservação: Não classificado

Ameaças à conservação: Destruição do habitat e exploração de adultos para o comércio de insectos.

Placa 8: Goliathus goliatus quadrimaculatus **Kraatz, 1889**

NB: Trata-se de uma forma de escaravelho goliathus

Nome científico: *Goliathus goliatus quadrimaculatus*

Nome comum: Escaravelho goliata branco

Tamanho: 50 a 110 mm de comprimento (um dos maiores escaravelhos de África)

Área de distribuição: Endémica dos Camarões

Distribuição nos Camarões: Bakossi- Korup-

Paisagem de Takamanda

Raridade: Localmente muito raro.

Habitat: Ecossistemas florestais húmidos sempre verdes.

Limites altitudinais: 300 a 500m

Estado de conservação: Não classificado

Ameaças à conservação: Destruição do habitat e exploração de adultos para o comércio de insectos.

Placa 9: Mecynorrhina kraatzi **(Moser1905)**

Nome científico: *Mecynorrhina kraatzi*

Nome comum: Escaravelho castanho com chifres de raia amarela ou Kraatzi

Tamanho: 45 a 75 mm de comprimento

Área de distribuição: Endémica dos Camarões

Distribuição nos Camarões: Kupe Muanenguba, terras altas de Lebialem, Monte Oku e zona de Batibo

Raridade: Relativamente raro a nível local.

Habitat: Ecossistemas de floresta montana sempre-verde húmida.

Limites altitudinais: 1300 a 2000m

Estado de conservação: Não classificado

Ameaças à conservação: Destruição do habitat e exploração de adultos para o comércio de insectos.

Placa 10: Mecynorrhina savagei (Harris, 1844)

Nome científico: *Mecynorrhina savagei*

Nome comum: Escaravelho preto com chifres de raia amarela ou Savagei

Tamanho: 45 a 75 mm de comprimento

Área de distribuição: África Ocidental e Central.

Distribuição nos Camarões: Buea, Barombi, Bangandu, Nyassoso, Endemdem, Oku, Yoko, Yom-Yambeta.

Raridade: Abundante localmente.

Habitat: Ecossistemas de florestas tropicais.

Limites altitudinais: 900 a 1400m

Estado de conservação: Não classificado

Ameaças à conservação: Destruição do habitat e exploração de adultos para o comércio de insectos.

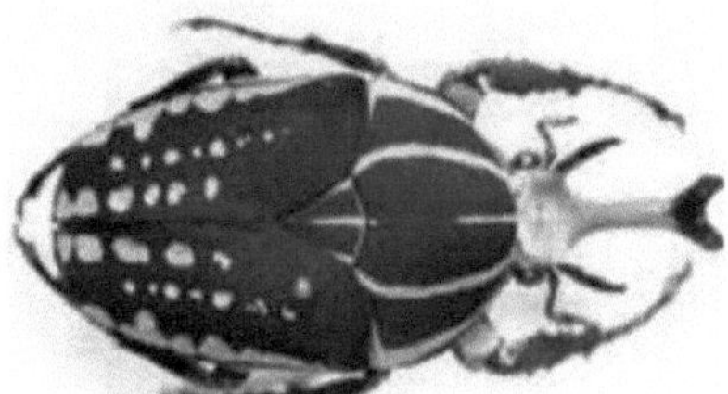

Placa 11: Mecynorrhina polyphemus confluens (Kraatz, 1890)

Nome científico: *Mecynorrhina polyphemus confluens*

Nome comum: Escaravelho verde de estrias brancas ou Polyphemus

Tamanho: 45 a 75 mm de comprimento

Área de distribuição: África Ocidental e Central.

Distribuição nos Camarões: Ebonnemine, Nyasoso, Yoko, Zoulabot, planaltos de Lebialem

Raridade: Localmente menos abundante.

Habitat: Ecossistemas de florestas tropicais.

Limites altitudinais: 900 a 1500m

Estado de conservação: Não classificado

Ameaças à conservação: Destruição do habitat e exploração de adultos para o comércio de insectos.

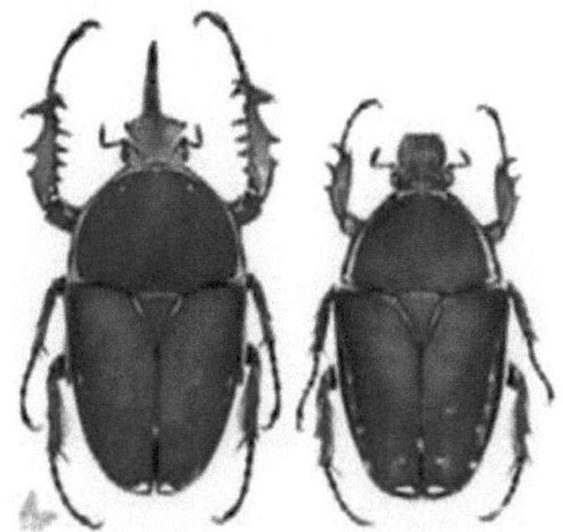

Placa 12: Mecynorhinella torquata (Drury 1782)

Nome científico: *Mecynorhinella torquata*

Nome comum: Torquata

Tamanho:50mm a 85mm de comprimento

Área de distribuição: Camarões, zona da bacia do Congo

Distribuição nos Camarões: Mont Koupe,

Mont Kala, Din (Oku), Bankim, Yoko, Bafia

Raridade: Localmente menos abundante

Habitat: Ecossistemas de florestas tropicais.

Limites altitudinais: 900 a 1400m

Estado de conservação: Não classificado

Ameaças à conservação: Destruição do habitat e exploração de adultos para o comércio de insectos.

*Placa 13: Gnorimelus batesi (*Rutherford, 1879)

Nome científico: *Gnorimimelus batesi*

Nome comum: Pequeno escaravelho preto amarelo pintalgado ou Batesi **Tamanho:** 30 mm de comprimento

Área de distribuição: Zona da bacia do Congo **Distribuição nos Camarões:**Oku, Ebogo, Mont Kala, Mveng, Djoum **Raridade:** Localmente não é comum

Habitat: Ecossistemas florestais húmidos sempre verdes.

Limites altitudinais: 900 a 1400m

Estado de conservação: Não classificado

Ameaças à conservação: Destruição do habitat e exploração de adultos para o comércio de insectos.

Placa 14: Megalorrhina harrisi eximia **Aurivilius, 1886**

Nome científico: *Megalorrhina harrisi eximia*

Nome comum: Haressi

Tamanho: 40 mm de comprimento

Área de distribuição: Zona da bacia do Congo

Distribuição nos Camarões: Cintura vulcânica dos Camarões

Raridade: Abundante localmente

Habitat: Ecossistemas florestais húmidos sempre verdes.

Limites altitudinais: 900 a 1500m

Estado de conservação: Não classificado

Ameaças à conservação: Destruição do habitat e exploração de adultos para o comércio de insectos.

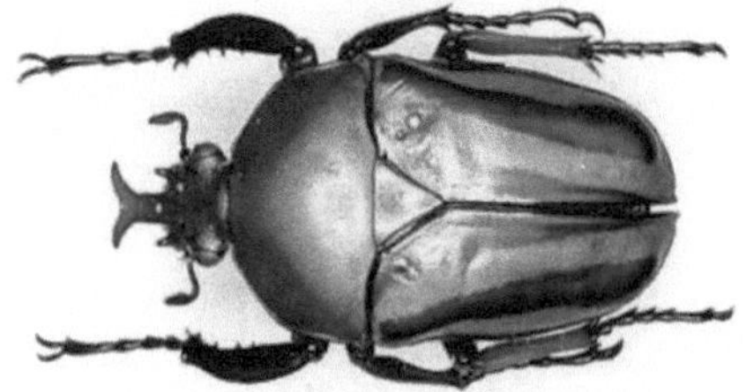

Placa 15: Eudicella gralli **(Buquet, 1836)**

Nome científico: *Eudicella gralli*

Nome comum: Eudicella

Tamanho: 40 mm de comprimento

Área de distribuição: Zona da bacia do Congo

Distribuição nos Camarões: Cintura vulcânica dos Camarões

Raridade: Abundante localmente

Habitat: Ecossistemas florestais húmidos sempre verdes.

Limites altitudinais: 900 a 1500m

Estado de conservação: Não classificado

Ameaças à conservação: Destruição do habitat e exploração de adultos para o comércio de insectos.

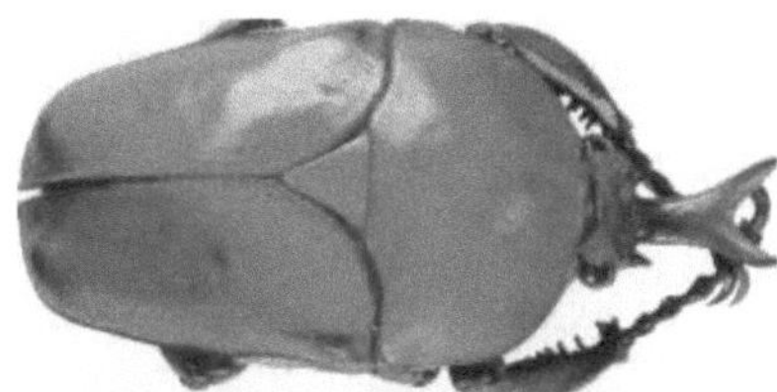

Placa 16: Eudicella morgani White, 1839

Nome científico: *Eudicella morgani*

Nome comum: Eudicella verde

Tamanho: 40 mm de comprimento

Área de distribuição:África Central e Ocidental

Distribuição nos Camarões: Cintura vulcânica dos Camarões

Raridade: Relativamente menos abundante a nível local

Habitat: Ecossistemas florestais húmidos sempre verdes.

Limites altitudinais: 900 a 1500m

Estado de conservação: Não classificado

Ameaças à conservação: Destruição do habitat e exploração de adultos para o comércio de insectos.

Placa 17: Mesotopus regius Swederus 1787

Nome científico: *Mesotopus regius*

Nome comum: Gigante negro africano

Lucano ou Régio

Tamanho: 60 a 90 mm de comprimento

Área de distribuição:África Central e Ocidental

Distribuição nos Camarões: Mt. Kupe, Mamfe, Salapombe.

Raridade: Localmente não é comum.

Habitat: Ecossistemas de florestas tropicais.

Limites altitudinais: 600 a 1400m

Estado de conservação: Não classificado

Ameaças à conservação: Destruição do habitat e exploração de adultos para o comércio de insectos.

***Placa 18: Prosopocoilus estallae* Desfontaine & Moretto 2003**

Nome científico: *Prosopocoilus estallae*

Nome comum: Lucano branco

Tamanho: 40 a 45 mm de comprimento

Área de distribuição: Endémica dos Camarões

Distribuição nos Camarões: Zona do Monte Kupe

Raridade: Extremamente raro.

Habitat: Ecossistemas de floresta montana sempre-verde húmida.

Limites altitudinais: 900 a 1200m

Estado de conservação: Não classificado

Ameaças à conservação: Destruição do habitat

***Placa 19: Homoderus gladiator* Jakowleff, 1895**

Nome científico: *Homoderus gladiator*

Nome comum: Gladiador

Tamanho: 40 a 60 mm de comprimento

Área de distribuição: Florestas de montanha da África Central

Distribuição nos Camarões: Monte Kupe, Monte Cameroon, Ebonnemin, planaltos de Lebialem.

Raridade: Localmente não é comum.

Habitat: Ecossistemas de florestas tropicais.

Limites altitudinais: 600 a 1400m

Estado de conservação: Não classificado

Ameaças à conservação: Destruição do habitat e exploração de adultos para o comércio de insectos.

*Placa 20: **Prosopocoilus faber** Thomson, 1862*

Nome científico: *Prosopocoilus faber*

Nome comum: Faber

Tamanho: 30 a 45 mm de comprimento

Área de distribuição: Florestas das terras altas da África Central e Ocidental

Distribuição nos Camarões: Monte Kupe, Monte dos Camarões.

Raridade: Localmente não é comum.

Habitat: Ecossistemas florestais húmidos das terras altas.

Limites altitudinais: 1200 a 1400m

Estado de conservação: Não classificado

Ameaças à conservação: Destruição do habitat e exploração de adultos para o comércio de insectos.

CAPÍTULO 11

COLHEITA E CONSERVAÇÃO DE ESCARAVELHOS COMERCIAIS

Os métodos de colheita são menos sustentáveis e podem levar à morte das árvores e à destruição da floresta. Envolve todos os grupos de pessoas (crianças, mulheres e homens). A colheita começa com a localização das espécies vegetais hospedeiras dos insectos adultos nas florestas e nas terras agrícolas. Algumas das espécies de plantas que normalmente atraem os escaravelhos são Vernonia amygdalina Delile, Vernonia conferta Benth, Carapa grandifolia Sprague e Nobotonia mannii Benth. A casca dos caules localizados é removida ao nível da base e deixada durante algumas semanas para provocar a produção de floema fermentado que atrai os insectos (Placa 21).

Placa 21: Besouros atraídos por caules de plantas produtoras de floema

Em tempo de sol, os colhedores observam cuidadosamente cada um dos caules preparados para recolher os espécimes de insectos, colhendo-os à mão e/ou utilizando redes de varredura. Para espécies muito grandes, como o Goliathus, os espécimes localizados são melhor colhidos à noite (com o uso de fogo ou luz) ou muito cedo de manhã, antes do nascer do sol, sacudindo a árvore para que o escaravelho caia (Placa 22).

Placa 22: Colheita de escaravelhos com uma **rede de varredura** ou **com** uma rede de colheita manual

Os espécimes de escaravelhos colhidos são preservados injectando-os com álcool a 50° de concentração, após o que são expostos à luz solar durante cerca de 30 minutos. Os espécimes bem secos de espécies valiosas são depois embrulhados em papel higiénico e armazenados em recipientes fechados bem secos, enquanto os espécimes de espécies muito abundantes e menos valiosas são simplesmente armazenados num recipiente bem fechado (placa 23).

Placa 23: Embalagem de espécimes de escaravelhos para conservação

Para exportar escaravelhos mortos, os espécimes são selados com papel de nylon num pedaço de cartão cortado de forma retangular (placa 24). As embalagens seladas são então colocadas numa pequena caixa de cartão e enviadas com uma etiqueta falsa.

Placa 24: Embalagem de espécimes de escaravelhos para exportação

Os espécimes vivos são conservados em copos de plástico perfurados, nos quais são introduzidos semanalmente pedaços de cana-de-açúcar como alimento (placa 25). Estes escaravelhos vivos são exportados em pequenos copos de plástico perfurados e fechados em pequenas caixas de cartão.

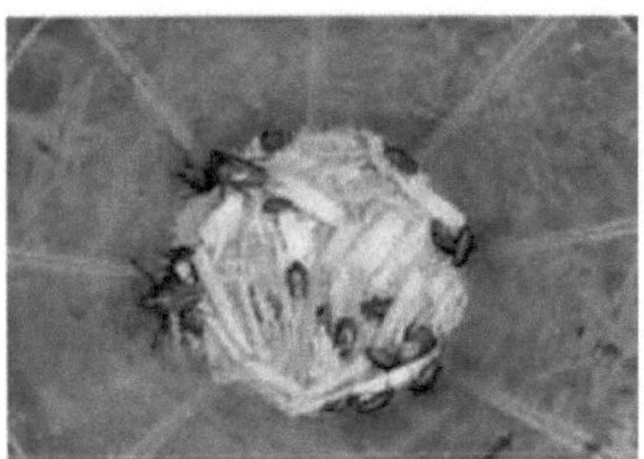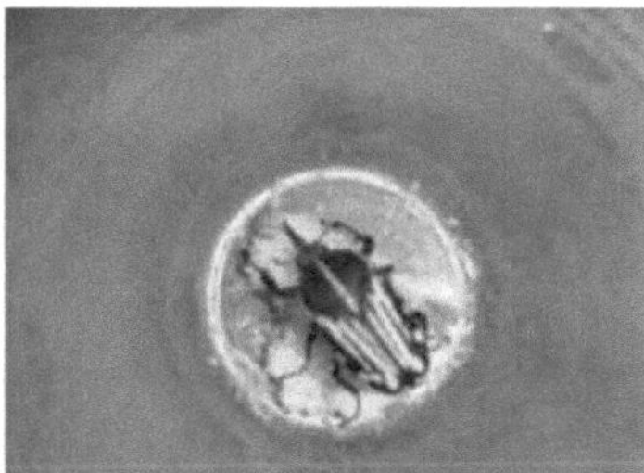

Placa 25: Espécimes vivos de escaravelhos em copos de plástico

CAPÍTULO 12

SAZONALIDADE DO ESCARAVELHO COMERCIAL NO SUDOESTE DOS CAMARÕES

A colheita e a comercialização dos escaravelhos são efectuadas ao longo de todo o ano. No entanto, diferentes espécies são colhidas em diferentes períodos do ano (Quadro 4). Na maior parte das zonas, os colectores têm a possibilidade de colher diferentes espécies de escaravelhos ao longo do ano. A colheita de espécimes em florestas naturais depende fortemente da variação sazonal. Os meses de março e outubro são geralmente o início da época de colheita para a maioria das espécies e a exploração pode durar pelo menos quatro meses. Estes períodos são geralmente o início da estação das chuvas e da estação seca, respetivamente, e caracterizam-se por mudanças bruscas nas condições ambientais bióticas e abióticas que favorecem o desenvolvimento de larvas em insectos adultos.

Quadro 4: Disponibilidade sazonal de alguns escaravelhos comerciais nos Camarões

SPECIES	Dry season		Rainy season								Dry season	
	J	F	M	A	M	J	J	A	S	O	N	D
Goliathus goliatus	X	X								X	X	
Goliathus goliatus apicalis	X	X								X	X	
Goliathus goliatus conspersus	X	X								X	X	X
Goliathus goliatus albatus	X	X								X	X	
Goliathus goliatus undulus	X	X								X	X	
Goliathus goliatus quadrimaculatus	X	X								X	X	
Fornasinius aureosparsus			X	X	X	X	X	X	X			
Mecynorhinella torquata immaculicollis			X	X							X	X
Mecynorrhina kraatzi	X	X										
Mecynorrhina polyphemus confluens			X	X								
Mecynorrhina savagei			X	X	X	X						
Stephanocrates preussi (green)			X	X	X	X						
Stephanocrates preussi (brown)			X	X	X	X						
Stephanocrates preussi (blue)			X	X	X	X						
Gnorimimelus batesi			X	X	X	X	X	X	X	X	X	
Megalorrhina harrisi eximia			X	X	X	X	X	X				
Eudicella morgana camerounensis			X	X	X	X	X	X				
Eudicella gralli	X	X									X	X
Eudicella daphnis	X	X									X	X
Dicronorhina micans			X	X	X	X	X	X	X			
Mesotopus regius			X	X	X	X	X	X	X	X		
Homoderus mellyi											X	X
Homoderus gladiator	X	X										
Prosopocoilus swanzianus			X	X	X	X	X	X				
Prosopocoilus faber			X	X	X	X						
Prosopocoilu antilopus			X	X	X	X						
Prosopocoilus senegalensis			X	X	X	X	X					

CAPÍTULO 13

VALOR DE MERCADO DOS ESCARAVELHOS COMERCIAIS NÃO COMESTÍVEIS

Os preços de mercado dos escaravelhos comerciais variam em função da espécie, da localidade, da qualidade e do tamanho do inseto. As espécies endémicas são geralmente mais caras do que as espécies muito disseminadas. Os machos com cornos grandes são mais caros do que as fêmeas, que geralmente não têm cornos. Os espécimes de boa qualidade (espécimes limpos, sem riscos ou fracturas em qualquer parte do corpo) são mais caros do que os espécimes desbotados. Para a mesma espécie, os espécimes de tamanho grande são vendidos a preços melhores do que os espécimes de tamanho mais pequeno. No entanto, os tamanhos dos espécimes fêmeas não são normalmente tidos em consideração. Durante este estudo, foram registadas as gamas de preços de espécimes mortos emparelhados de boa qualidade de espécies comerciais de escaravelhos (Quadro 5). As formas brancas de Goliathus goliatus, Fornasinus aureosparsus e o Stephenocrates preussi azul estão entre as mais caras (45000-75000FCFA, 40000-70000FCFA e 25000-40000FCFA, 1USD=480FCFA) para um par de indivíduos de boa qualidade, respetivamente. Embora a diversidade de insectos seja provavelmente elevada nas florestas desta região, apenas as espécies pertencentes a duas famílias (Cetoniidae e Lucanidae) são atualmente exploradas para fins comerciais. Os espécimes vivos são vendidos a preços superiores aos acima mencionados. No entanto, a exportação de espécimes vivos de insectos corre o risco de reduzir o valor de mercado da espécie, uma vez que dá oportunidade aos comerciantes estrangeiros de escaravelhos de criarem e reproduzirem estes escaravelhos para comercialização nos seus próprios países. De acordo com os inquiridos, o Mesotopus regius é um exemplo de um escaravelho cujo valor diminuiu devido à exportação de indivíduos vivos. Segundo todas as indicações, os espécimes vivos eram vendidos localmente a preços superiores a 70 000 FCFA (146 USD) cada um nos anos 2005-2007, mas o valor de mercado e a procura diminuíram consideravelmente devido ao sucesso da criação desta espécie na Europa e na Ásia.

Quadro 5: Preços de mercado de exemplares machos de alta qualidade de espécies comerciais de escaravelhos

SPECIES	FAMILY	BEETLE SIZE (mm)	AVERAGE PRICE IN FCFA (1USD=480FCFA)
Goliathus goliatus	*Scarabaeidae*	95-110	3000-7000
Goliathus goliatusapicalis	*Scarabaeidae*	95-110	5000-10000
Goliathusgoliatusconspersus	*Scarabaeidae*	95-110	15000-35000
Goliathusgoliatusalbatus	*Scarabaeidae*	95-100	35000-65000
Goliathusgoliatusundulus	*Scarabaeidae*	95-100	40000-70000
Goliathusgoliatusquadrimaculatus	*Scarabaeidae*	95-100	45000-75000
Fornasiniusaureosparsus	*Scarabaeidae*	55-70	40000-70000
Mecynorhinellatorquataimmaculicollis	*Scarabaeidae*	80-85	3000-7000
Mecynorrhinakraatzi	*Scarabaeidae*	70-75	6000-10000

Mecynorrhinapolyphemusconfluens	*Scarabaeidae*	70-75	1000-2500
Mecynorrhinasavagei	*Scarabaeidae*	70 -75	500-2000
Stephanocrates preussi (green)	*Scarabaeidae*	40-45	8000-15000
Stephanocrates preussi (brown)	*Scarabaeidae*	40-45	15000-30000
Stephanocrates preussi (blue)	*Scarabaeidae*	40-45	25000-40000
Gnorimimelusbatesi	*Scarabaeidae*	30-35	1000-2000
Megalorrhinaharrisieximia	*Scarabaeidae*	35-40	300-700
Eudicellamorganicamerounensis	*Scarabaeidae*	35-40	300-800
Eudicellagralli	*Scarabaeidae*	35-40	300-600
Eudicellaschultzeorum	*Scarabaeidae*	35-40	300-600
Dicronorhinamicans	*Scarabaeidae*	40-45	400-900
Mesotopusregius	*Lucanidae*	80-85	8000-15000
Homoderusmellyi	*Lucanidae*	45-50	500-1000
Homoderus gladiator	*Lucanidae*	45-50	1000-2000
Prosopocoilusestallae	*Lucanidae*	35-40	1500-3000
Prosopocoilusfaber	*Lucanidae*	35-40	800-2000
Prosopocoilusantilopus	*Lucanidae*	35-45	200-500
Prosopocoilussenegalensis	*Lucanidae*	35-45	200-500

Cadeia de comercialização dos escaravelhos comerciais não comestíveis

A cadeia de comercialização destes recursos nos Camarões precisa de ser estudada em pormenor, uma vez que o nosso estudo é preliminar e não cobre todo o território nem fornece detalhes completos devido às dificuldades encontradas na obtenção de informações sobre este sector informal. No entanto, os dados recolhidos revelam que a comercialização é feita através de uma série de intermediários que compram espécimes a pessoas dependentes da floresta e os revendem a exportadores sediados em grandes cidades como Buea, Douala, Yaounde e Bamenda. Os exportadores de escaravelhos vendem os espécimes recolhidos a comerciantes de escaravelhos na Europa, América e Ásia. Em alguns casos, os coleccionadores estrangeiros deslocam-se aos Camarões e compram stocks razoáveis de escaravelhos sem obterem autorizações legais ou pagarem impostos sobre os recursos que exploram. As negociações comerciais são efectuadas através da Internet e a encomenda é enviada através de serviços de correio expresso, uma vez acordado o negócio. No caso de o comprador estrangeiro ter de transportar ele próprio os escaravelhos, basta colocá-los na sua caixa de viagem que embarca na planície sem qualquer verificação rigorosa. Os escaravelhos são transportados vivos ou mortos, consoante a natureza da procura e, por vezes, em quantidades muito insustentáveis, uma vez que não existe legislação específica que regule a recolha e o comércio de insectos nos Camarões.

Contribuição do comércio de escaravelhos não comestíveis para os meios de subsistência nos Camarões
A exploração e o comércio de escaravelhos não comestíveis é uma importante atividade geradora de rendimentos nos Camarões. No entanto, a dependência dos agregados familiares desta atividade para a sua subsistência varia de uma aldeia para outra, dependendo da disponibilidade de espécies comerciais de insectos e das preferências agro-florestais. Em cada uma das aldeias, a maioria dos agregados familiares depende da agricultura como principal atividade de subsistência; outros praticam a agricultura e o comércio de escaravelhos durante todo o ano, enquanto outros apenas exploram periodicamente os escaravelhos quando estes são abundantes. Estudos realizados em algumas aldeias mostram que cerca de 5,2% dos colectores de insectos geram rendimentos entre 700 000 FCFA (1459USD) e 800 000 FCFA (1667USD), o que representa mais de 70% do rendimento anual do agregado familiar. Cerca de 9,4% dos colectores de insectos geram rendimentos entre 400 000 FCFA (834USD) e 600 000 FCFA (1250USD), o que representa 35 a 60% do rendimento anual do seu agregado familiar. Cerca de 3,1% dos colectores de insectos geram rendimentos entre 200 000 FCFA (417USD) e 300 000 FCFA (625USD), o que representa cerca de 30% do seu rendimento anual. Pelo contrário, 52,2% dos colectores de insectos ganham menos de 100 000 FCFA (209USD) com a recolha e comércio de insectos, o que representa menos de 10% do rendimento anual do seu agregado familiar.

CAPÍTULO 14

EXPLORAÇÃO DE ESCARAVELHOS COMESTÍVEIS PARA FINS ALIMENTARES E DE RENDIMENTO

A recolha de insectos para alimentação é uma prática muito antiga nos Camarões. De acordo com a literatura, 45 espécies de insectos fizeram parte da história da alimentação humana nos Camarões. No entanto, nas últimas décadas, um grande número de espécies de insectos que eram tradicionalmente consumidas foram rejeitadas. A maioria das pessoas na parte sul do país abandonou esta fonte de alimentação ancestral em favor de uma dieta mais "civilizada". Muitas razões podem explicar o declínio do consumo de insectos nesta parte do país, incluindo os elevados níveis de dependência rural da carne do mato, a proliferação de igrejas que proíbem o consumo de insectos e a adoção de hábitos alimentares ocidentais. No entanto, devido aos níveis crescentes de doenças relacionadas com a alimentação (por exemplo, cancro, obesidade, diabetes e hipertensão), à pobreza, à escassez de alimentos e à procura de sustentabilidade ambiental, muitos habitantes do sul dos Camarões estão a reintegrar os insectos nas suas dietas diárias. Insectos como lagartas, larvas de gorgulho das palmeiras, térmitas, gafanhotos e Augosoma centaurus estão agora a tornar-se uma importante fonte de alimento para muitos grupos de habitantes do Sul dos Camarões (Quadro 6).

Quadro 6: Insectos consumidos atualmente nas zonas de floresta húmida dos Camarões

Order	Family	Species	Common Name	Stage of consumption
Coleoptera	Curculionidae	RhynchophorusphoenicisFabr	Palm weevil grubs	Larvae
	Dynastidae	Augosoma centaurus Fabr.	Scarab beetles	Larvae and adult
Lepidoptea	Saturniidae	Imbrasia sp.	Caterpillars	Larvae
	Notodontidae	Anaphe sp.	Caterpillars	Larvae
Orthoptera	Acrididae	Anacridiumsp	Locusts	Adult
	Pyrgomorphidae	Zonocerusvariegatus	Grasshopper	Adult
	Gryllidae	Brachytrupesspp.	Crickets	Adult
Isoptera	Macrotermitidae	Macrotermesbellicosus	Termites	Adult
		Macrotermesnatalensis	Termites	Adult

Na região oriental, por exemplo, mais de 60% dos habitantes consomem insectos nas épocas de disponibilidade. As espécies de insectos consumidas nesta região incluem lagartas, larvas de gorgulho das palmeiras, térmitas e escaravelhos Augosoma. Cada uma das espécies de insectos tem um nome vernáculo para as diferentes espécies de insectos comestíveis (Quadro 7).

Quadro 7: Nomes vernáculos de insectos comestíveis nos Camarões orientais

Ethnic group	Local names of edible insects				
	Palm weevilgrubs	Caterpillars	Termites	Adult Augosoma	Augosoma larvae
Baka/Bagando	Upos	Mikoh	Bandi	Angombo	Kpulu
Konabembe	Poseh	Kopoh	Bandi	Angombo	Penbe
Makaa du Nord	Poushe	Kong	Chumli	Goubla	Mekuma

Bobilis	Nyol	Kong	Somli	Goubla	Bikuta
Mbimo	Ping	Kong	Bandi	Angombo	Gogoro
Kakor	Kuru	Kong	Ndongoh	Angomkumbo	Kwatto
Baya	Andossi	Dok	Deuille	Abankubu	Andossi
Bakoum	Nyol	Kong	Pel	Kouala	Bekouala

As larvas e lagartas do gorgulho das palmeiras do género Imbrasia estão entre os insectos mais explorados. Estas larvas são consumidas por todos os grupos que ocupam a zona florestal húmida dos Camarões. As larvas do gorgulho da palmeira são especialmente importantes, uma vez que estão disponíveis durante todo o ano e são consumidas por quase todas as tribos da parte sul do país.

As larvas do gorgulho da palmeira como fonte de alimento e rendimento nos Camarões

As larvas do gorgulho das palmeiras (género Rhynchophorus e família Curculionidae) são importantes recursos de insectos que são consumidos por quase todas as tribos da região sul do país. Os membros adultos desta família têm uma projeção em forma de focinho nas suas mandíbulas chamada rostro. Estas peças bucais modificadas são utilizadas para a alimentação e para fazer buracos no material vegetal hospedeiro onde os ovos são depositados. As larvas (ou larvas) têm mandíbulas relativamente grandes e não têm pernas (placa 26).

Placa 26: Gorgulhos adultos da palmeira africana (esquerda) **e larvas (direita).**

Nos Camarões, há poucos conhecimentos sobre a diversidade deste género. No entanto, especula-se que os Camarões albergam muitas espécies de Rhynchophorus, sendo as mais populares o Rhynchophorus phoenicis (Fabricius 1801) e o Rhynchophorus quadrangulus (Quedenfeldt 1888). O Rhynchophorus quadrangulus está adaptado às zonas de planalto e ocorre nas cadeias montanhosas húmidas da cintura vulcânica dos Camarões, enquanto o Rhynchophorus phoenicis é mais comum nas zonas húmidas de floresta de planície e de savana do país.

A atividade do gorgulho da palmeira nos Camarões

As larvas do gorgulho da palmeira são recursos económicos particularmente importantes nos Camarões. Proporcionam um rendimento complementar a muitas populações rurais que dependem do comércio do gorgulho da palmeira como atividade principal ou a tempo parcial. Desde a zona de floresta densa, húmida e semidecídua, a leste, até à savana das terras altas, a oeste, este inseto é comercializado (cozinhado ou cru) por pequenos vendedores à beira da estrada. Alguns mercados das cidades são conhecidos pela venda de larvas do gorgulho da palmeira, como os mercados de Mvog-mbi, Mvog-ada e Nkondongo, em Yaoundé (placa 27).

Placa 27: Pequenos comerciantes de larvas do gorgulho da palmeira nos mercados dos Camarões.

Durante as épocas de abundância, um copo cheio com 25 a 30 indivíduos deste inseto custa 500 CFA (1 USD) nos mercados rurais e 1500 CFA (3 USD) ou 2500 CFA (5 USD) nas grandes cidades, consoante a época do ano. As brochettes de larvas preparadas são vendidas a 100 CFA (0,2 USD) por brochette e contêm 3 ou 4 indivíduos. O comércio transfronteiriço é igualmente visível, pois algumas larvas são exportadas para países vizinhos como a Guiné Equatorial, o Gabão e a Nigéria e mesmo para países europeus como a Bélgica e a França.

CAPÍTULO 15

MÉTODOS INDÍGENAS DE EXPLORAÇÃO DE LARVAS DO GORGULHO DA PALMEIRA

Na exploração indígena das larvas do gorgulho da palmeira, são utilizados dois tipos de métodos, nomeadamente: a recolha tradicional e os métodos de semi-cultivo

Método de recolha tradicional

As larvas são colhidas através da extração sistemática dos troncos das palmeiras oleaginosas cortadas para a produção de vinho de palma ou dos troncos das palmeiras de ráfia infestadas naturalmente por larvas nos pântanos (placa 28).

Placa 28: Um caule de uma palmeira de óleo abatida (esquerda) e um caule de ráfia jovem colonizado por larvas (direita).

Neste sistema, os colectores passam horas, e por vezes dias, nos ecossistemas de ráfia para identificar os caules de ráfia já colonizados por larvas. Estes caules de ráfia são desenraizados e abertos com cutelos ou machados para extrair as larvas (Pratos 29).

Placa 29: Recolha de larvas de caules de ráfia naturalmente infestados.

No entanto, a identificação de caules de ráfia naturalmente infestados ou mortos exigiu alguma perícia. Isto inclui a deteção de caules de ráfia jovens com folhas juvenis ligeiramente amarelas ou caules de ráfia adultos mortos. Além disso, os colectores cheiravam os troncos e ouviam atentamente o ruído produzido nos troncos para detetar as vibrações produzidas pelas larvas mordiscadoras. Segundo Dounias, este método era praticado por cerca de seis aldeias do sul dos Camarões, especializadas na colheita de larvas para comércio. Estes colectores especializados desenvolveram ferramentas e métodos de colheita específicos (Dounias 1999).

Método de semi-cultivo

Neste sistema, os criadores de larvas começam o processo de colheita identificando as espécies de ráfia que

41

favorecem o desenvolvimento das larvas. Na zona de Obout, onde este método é maioritariamente praticado, os aldeões identificaram dois tipos de ráfia: Raffia hookeri localmente chamada essa e Raffia monbuttorum localmente chamada zamin no dialeto Ewondo. Essa é explorada para a produção de larvas de gorgulho, enquanto a zam é utilizada para a produção de vinho. As folhas de zam são maiores em tamanho e caracterizam-se pela presença de muitos espinhos em comparação com as de essa (Placa 30).

Placa 30. Folha de zam **com espinhos (esquerda) e de** essa **sem espinhos (direita).**

No processo de semi-cultivo das larvas, os troncos maduros dessa ráfia são selecionados e cortados para a sua colonização pelas larvas (Placa 31). Uma vez cortado o caule, é feita uma incisão de 20 a 25 cm e 5 cm de profundidade no tronco a cerca de 1 m da base da copa.

Placa 31: Corte de caule de ráfia para produção de larvas no sistema de semi-cultivo.

Esta incisão é depois coberta com folhas frescas de ráfia para evitar o consumo das larvas por animais como os ratos, os esquilos e outros predadores (placa 32).

Placa 32: Incisão do caule de ráfia abatido (esquerda) e cobertura do caule com folhas de ráfia (direita).

Os caules são então deixados a apodrecer durante um período de 25 a 30 dias, o que dá tempo suficiente para as larvas amadurecerem antes da colheita. As larvas desenvolvem-se no interior do caule de ráfia e aceleram a decomposição das porções do caule que foram colonizadas. O processo de recolha começa com a remoção das folhas que cobriam a incisão (placa 33).

Placas 33: Remoção de folhas de ráfia da incisão no caule da ráfia abatida.

Para determinar se as larvas do gorgulho da palmeira colonizaram um tronco de ráfia, o coletor coloca a sua orelha sobre a incisão para verificar se as larvas estão a mordiscar o interior do tronco. Uma vez confirmado que as larvas estão presentes no tronco, o coletor procede então à divisão do tronco (placa 34).

Placas 34. Ouvir o roer das larvas (à esquerda) e abrir o tronco de ráfia (à direita).

O tronco de ráfia invadido é aberto com um machado a partir da incisão até cerca de 60 cm em direção à base e 40 cm em direção ao ápice do tronco. Isto expõe as larvas para recolha. No entanto, a área do tronco que é dividida depende do nível de colonização do tronco pelas larvas. A produtividade dos troncos é afetada pelo nível de água do ecossistema da ráfia. Geralmente, os troncos que estão ligeiramente imersos na água são menos produtivos. As larvas são apanhadas à mão no tronco, uma a uma (placa 35).

Placa 35. Recolha de larvas por apanha manual no sistema de semi-cultivo.

A produtividade dos troncos de ráfia varia entre os dois sistemas indígenas. Um único tronco pode produzir, em média, 35 ± 13,2 larvas pela coleta tradicional e 50 ± 10,1 larvas por tronco pelo método semi-agrícola. Com uma média de 50 ± 13,2 indivíduos, a produtividade de larvas por tronco de ráfia é mais elevada no sistema de semi-cultivo do que no método tradicional de recolha de larvas. No entanto, cada um destes métodos de colheita indígenas tem vantagens e desvantagens (Quadro 8).

Quadro 8. Vantagens e desvantagens dos dois sistemas de colheita autóctones.

	Indigenous systems	
	Semi-farming method	**Traditional gathering**
Advantages	More productive than traditional gathering	More sustainable as only dead or infested raffia stems are exploited
	Collectors do not spend days in the forest during harvest	Demands very little or no investment
	Grubs are sold in a fresher state, since sales are carried out just a few hours after collection	Demands less labor input and grubs are collected as soon as the stem is cut down
Disadvantages	Very destructive and unsustainable as it involves the felling of thousands of raffia stems	It is less productive and collectors must spend days in the forest to collect a significant quantity of grubs
	More labor intensive and requires little investment (e.g. hiring of assistance) during harvest of prepared trunks	Some grubs might die after harvest because collectors stay longer in the forest during harvesting.

CAPÍTULO 16

CONTRIBUIÇÃO DAS LARVAS DO GORGULHO DA PALMEIRA PARA OS MEIOS DE SUBSISTÊNCIA EM CAMARÕES

A exploração e o comércio do gorgulho das palmeiras é uma importante fonte de subsistência nas áreas das aldeias de Obout e Ntoung. A exploração do gorgulho das palmeiras é particularmente importante para garantir ou complementar a alimentação, o rendimento e as fontes medicinais das famílias. No entanto, uma grande fração da colheita destina-se principalmente ao comércio e apenas as larvas individuais que não seguem os critérios padrão do mercado (espécimes feridos, de tamanho pequeno e mortos) são utilizadas para consumo doméstico.

A utilização das larvas como medicamento

A utilização de larvas como medicamento em algumas aldeias, como Obout, Elende, Ntoung I e Ntoung II, remonta ao período ancestral. Embora o nível de dependência local das larvas como medicamento tenha diminuído nos últimos anos, este recurso continua a ser importante no tratamento de várias doenças (quadro 9).

Tabela 9. Valor medicinal das larvas na área de estudo.

Medicinal value	Prophylaxis	Percentage of respondents (%)
Treatment of women's infertility	Eat oil extract with specific plant species (unidentified)	24
Treatment of rashes and wounds in children	Apply a mixture of burned grubs nest, mixed with grubs oil extract to the skin	44
Treatment of cough and cold	Application of oil extract inside the nose	9
Fortification of children bones	Consumption of pupae	5

Contribuição do comércio de larvas para o rendimento do agregado familiar

A exploração e o comércio de larvas é uma importante fonte de rendimento para muitas famílias em todas as aldeias da área de estudo. O rendimento mensal gerado pelos apanhadores profissionais de larvas com esta atividade varia entre 90.000 CFA (180 USD) e 300.000 CFA (600 USD), enquanto o rendimento anual atinge 2.400.000 CFA (4800 USD) (Quadro 10).

Quadro 10: Importância das larvas para o rendimento do agregado familiar

Villages	Monthly income (CFA)		Annual income (CFA)		Number of professional grub collectors	Percentage of household annual income
	Minimum value	Maximum value	Minimum value	Maximum value		
Obout	200,000	300,000	1,600,000	2,400,000	17	65 to 75
Elende	200,000	300,000	1,600,000	2,400,000	4	60 to 75
Ebomsi II	180,000	300,000	1,440,000	2,400,000	3	50 to 75
Ntoung I	100,000	240,000	600,000	1,440,000	16	40 to 60

Ntoung II	90,000	180,000	540,000	1,080,000	7	40 to 50
Ndjibe	120,000	150,000	720,000	900,000	4	30 to 40
Djodjok	90,000	120,000	540,000	720,000	8	25 to 40
Nyimbe	120,000	160,000	720,000	960,000	6	30 to 40

NB: USD 1 USD = FCA 480

Durante a época de produção, o rendimento anual gerado pelos apanhadores profissionais de larvas em Obout varia entre 1.600.000 CFA (3200 USD) e 2.400.000 CFA (4800 USD). Estes rendimentos são mais elevados do que os observados na exploração de carne de animais selvagens (1 820 000 CFA ou 3640 USD) nas aldeias em redor do Parque Nacional de Lobeke (Tieguhong e Zwolinski 2009). O rendimento do comércio de larvas é também significativamente mais elevado do que o rendimento mensal obtido por trabalhadores não qualificados na cidade, ou pelos produtores rurais de café (25.000 CFA ou 50 USD) em anos bons. Em comparação com outros PFNL, as larvas do gorgulho da palmeira africana geram um rendimento mensal melhor do que a carne de animais selvagens (29 000 CFA ou 58 USD), as folhas de Gnetum (15 500 CFA ou 31 USD) ou a rotim (13 000 CFA ou 26 USD), como relatado por Dounias em Lopez e Shanley 2004).

No entanto, a contribuição deste sector para o rendimento familiar é inferior a 40% em aldeias como Ndjiebe, Djodock e Nyimbe. Em cada uma das aldeias, alguns habitantes exploram as larvas a um nível relativamente baixo e geram rendimentos inferiores a 90.000 CFA. Em geral, o rendimento do comércio de larvas só é possível no período de disponibilidade, que vai de novembro a junho na zona de Obout e de outubro a março na zona de Ntoung. Nestes períodos, e mesmo quando as larvas já não estão disponíveis, os habitantes da aldeia dependem de outras actividades como a agricultura, a pesca, a criação de animais, a caça e a recolha de outros PFNM para obterem o seu rendimento familiar. Numa perspetiva global, a agricultura, a pesca e a exploração de larvas são as actividades mais comuns praticadas em toda a área de estudo (Figura 1).

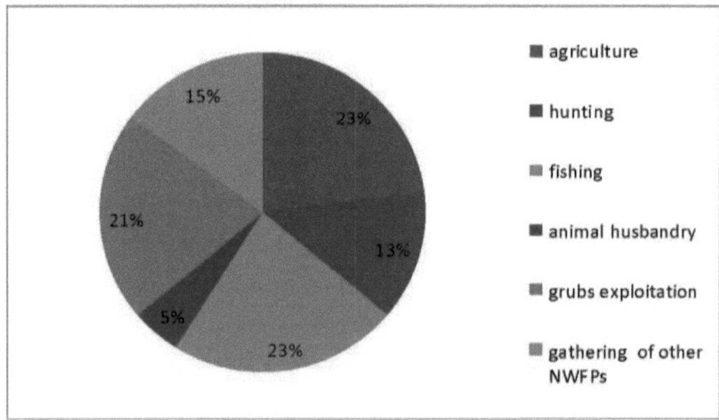

Figura 1: Comparação da exploração de larvas com outras actividades económicas na área de estudo.

A exploração de larvas representa 21% de todas as actividades praticadas em todas as aldeias inquiridas. Este valor é superior aos 15% observados para todos os outros grupos de PFNL recolhidos para subsistência nas áreas (por exemplo, manga do mato, Njansang e vinho de palma). É evidente que a exploração de larvas do gorgulho da palmeira desempenha um papel importante não só como fonte alternativa de proteínas, mas também como valiosa fonte potencial de rendimento na área. Este resultado confirma o trabalho de Arnold et

46

al. (2011) que mencionou que os insectos oferecem uma boa oportunidade de emprego e rendimento nos países em desenvolvimento, particularmente para os pobres nas zonas urbanas e rurais.

Preferência por larvas como fonte de alimentação alternativa

Embora os exploradores de larvas consumam sobretudo espécimes de larvas que não respeitam os critérios do mercado, quase todas as populações das aldeias estudadas consomem larvas de escaravelho. O hábito de consumo de larvas nestas áreas remonta a tempos imemoriais e, em comparação com a carne de animais selvagens, uma maior fração dos inquiridos obtém mais satisfação ao consumir larvas de escaravelho do que carne de animais selvagens (Figura 2).

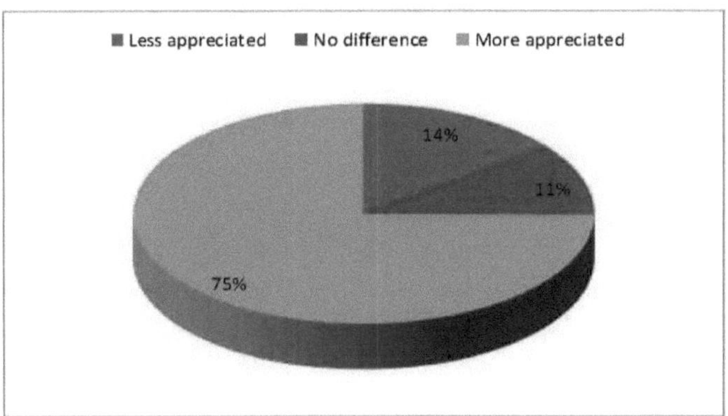

Figura 2: Popularidade das larvas em comparação com a carne de animais selvagens.

No entanto, é difícil satisfazer as necessidades das famílias em proteínas com larvas, uma vez que a maior parte da produção local se destina ao comércio.

Perceção social e implicações de género na exploração de larvas de gorgulho

A exploração e o comércio de larvas do gorgulho da palmeira é uma atividade importante em todas as aldeias estudadas. A perceção local desta atividade é semelhante à de muitos outros sectores da economia das aldeias. Consequentemente, é praticada por pessoas de todas as classes sociais: pobres, com rendimentos médios e ricos (Figura 3).

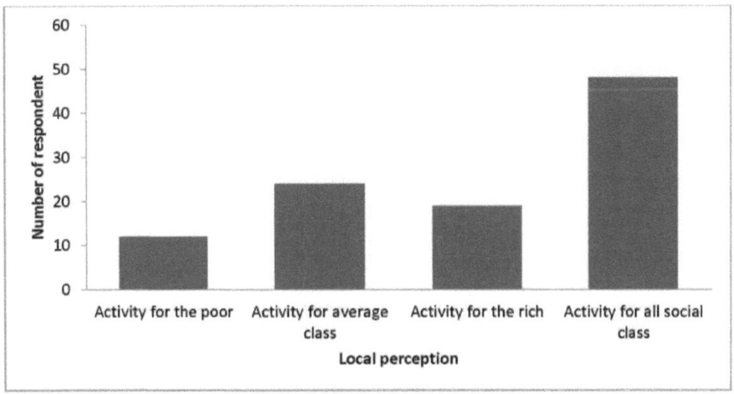

Figura 3: Considerações sociais sobre a exploração e o comércio de larvas.

Além disso, esta atividade é praticada por pessoas de todas as faixas etárias, incluindo crianças, adolescentes, pessoas de meia-idade e idosos (Figura 4).

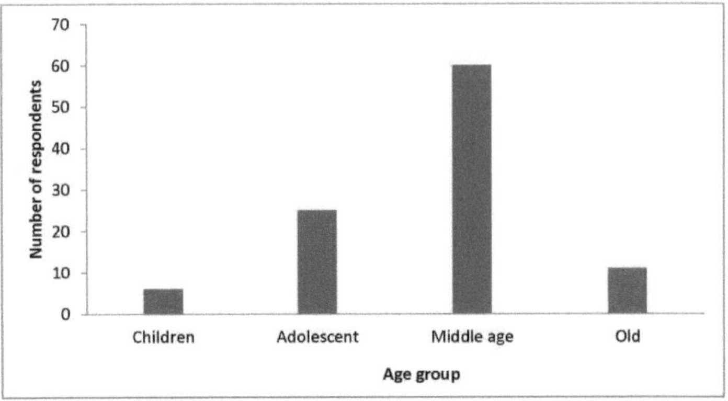

Figura 4: Distribuição dos exploradores de larvas por grupo etário.

Os adolescentes e as pessoas de meia-idade são os grupos etários que mais se dedicam à exploração e ao comércio de larvas. Estes grupos etários são mais importantes na zona de Obout, onde se pratica a semi-exploração agrícola. No entanto, na zona de Ntoung, a apanha tradicional é praticada por pessoas mais velhas. Tanto os homens como as mulheres estão envolvidos na exploração e no comércio de larvas na aldeia de Ntoung, ao contrário da zona de Obout, onde apenas os homens estão envolvidos no sector (Quadro 11).

Tabela 11. Distribuição dos colectores de larvas por sexo.

Sex	Obout	Elende	Ebomsi II	Ntoung I	Ntoung II	Djibe	Djodjok	Nyimbe
Men	17	6	7	20	9	10	17	11
Women	0	0	0	3	1	0	2	0
Total	17	6	7	23	10	10	19	11

Este quadro revela que todos os colectores de larvas das aldeias de Obout, Elende e Ebomsi II são homens. Em Ntoung I, Ntoung II e Djodjok, tanto os homens como as mulheres estão envolvidos na exploração de larvas. O sistema semi-agrícola praticado na zona de Obout é mais difícil do que a apanha tradicional praticada nas aldeias da zona de Ntoung. Os exploradores e comerciantes de larvas incluem homens e mulheres casados e solteiros. No total, 55 colectores eram casados (ou viviam juntos como marido e mulher) e 48 eram solteiros (Quadro 12).

Tabela 12. Distribuição dos inquiridos por estado civil e por aldeia.

Villages	Married	Single	Total
Elende	2	4	6
Ebomsi II	4	3	7
Obout	6	11	17
Ntoung I	18	5	23
Ntoung II	5	5	10
Ndjibe	7	3	10
Djodjok	8	11	19

| Nymbe | 5 | 6 | 11 |
| Total | 55 | 48 | 103 |

Os rendimentos obtidos com o comércio de larvas têm um impacto social importante nas comunidades das aldeias. Em aldeias como Obout, Ebomsi II e Elende, onde a exploração de larvas é uma das principais actividades, os colectores/comerciantes de larvas criaram um grupo financeiro de prestígio que reúne os membros semanalmente. Este grupo permite que os membros (que são principalmente colectores de larvas) contribuam ou poupem pelo menos 10.000 CFA (20 USD) por semana. Por vezes, esta reunião ajuda os membros a colherem larvas nos caules de ráfia cortados no sistema de semi-cultivo. Nesta situação, a pessoa que é ajudada produz grandes quantidades de larvas que leva para as grandes cidades, como Yaoundé ou Douala, para vender. Os rendimentos gerados por este tipo de exploração comunitária de larvas são geralmente utilizados para grandes projectos, como casamentos, construção de casas, compra de motos, pagamento de despesas hospitalares e educação dos filhos. Geralmente, os membros desta reunião revezam-se para beneficiar desta iniciativa. Os membros que já beneficiaram da reunião ajudam os outros e os que têm grandes quantidades de troncos cortados costumam empregar aldeões para colher as larvas. Uma soma de 2500-3000 FCFA (5-6 USD) é paga como salário diário aos que são recrutados para o processo de colheita.

CAPÍTULO 17

IMPACTO AMBIENTAL DOS MÉTODOS DE COLHEITA AUTÓCTONES

A exploração das larvas tem um impacto negativo no ambiente, tanto para a população de ráfia como para a fauna selvagem que partilha o mesmo ecossistema pantanoso, porque leva ao abate mensal de milhares de caules de ráfia. No entanto, o método de semi-cultivo é mais destrutivo do que o método de colheita tradicional. Na apanha tradicional, os troncos explorados são maioritariamente troncos de ráfia mortos ou jovens que foram naturalmente infestados por larvas (Placa 36).

Placa 36: Extração de larvas de ráfia jovem infestada no método de colheita tradicional.

No entanto, é difícil determinar o número real de troncos explorados no sistema tradicional de recolha, pois os colectores percorrem geralmente vastas áreas para identificar os caules de ráfia naturalmente infestados por larvas. No sistema de semi-cultivo, os troncos saudáveis em idade adulta são cortados para a produção de larvas (placa 37).

Placa 37: Destruição de ecossistemas de ráfia no método de semi-cultivo.

Na zona de Obout, este método conduziu à destruição maciça de ecossistemas de ráfia. No decurso deste estudo, foi estimado o número total de troncos que poderiam ser abatidos numa parcela de 2500 m² (Quadro 13).

Quadro 13: Número de caules de ráfia cortados por parcela.

Number of raffia	Plot 1	Plot 2	Plot 3	Plot 4	Average
Number of adult stems per plot	120	147	97	109	118
Number of adult stems felled	40	56	21	34	38
Percentage of adult stems felled (%)	33.33	38.09	21.65	31.19	32.20

Uma média de 38 caules de ráfia, representando 32,2% da população total, é abatida numa área estimada de 2500 m² (Tabela 15). Este valor representa o número mínimo de caules de ráfia que podem ser cortados por um único coletor durante um período de 45 dias na zona de Obout. No entanto, os grandes colectores exploram áreas três a quatro vezes maiores do que o padrão. Globalmente, cada coletor explora caules de ráfia de 2 em 2 meses e o número total médio de troncos de ráfia cortados por um único coletor varia entre 152 e 601 caules por ano.

CAPÍTULO 18

CADEIA DE COMERCIALIZAÇÃO DE LARVAS DO GORGULHO DA PALMEIRA

A comercialização de larvas do gorgulho da palmeira nos dois locais de estudo é feita através da venda direta a viajantes à beira da estrada ou através de intermediários (bayam-sellam) que compram larvas para revender em grandes cidades como Yaounde e Douala ou em cidades semi-urbanas como Mbalmayo e Abong-Mbang (Placa 39).

Placa 38: Venda de larvas num mercado urbano (esquerda) e nas bermas das estradas das aldeias (direita).

Alguns comerciantes das grandes cidades, que não podem obter larvas diretamente dos colectores, compram-nas em mercados semiurbanos. Os acordos comérciais são em grande parte facilitados por telefonemas, geralmente um dia antes de os colectores irem fazer a colheita. A cadeia de mercado das larvas do gorgulho da palmeira está resumida na Figura 5.

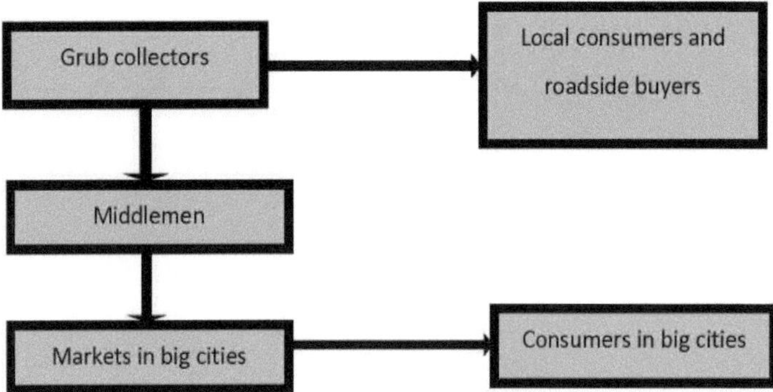

Figura 5: Cadeia de mercado das larvas do escaravelho da palmeira

O aumento da procura de larvas nos últimos anos fez subir os preços de mercado, tanto a nível local como nas cidades. No final da década de 1990, 12 indivíduos de larvas de gorgulho eram vendidos a 100 CFA (0,20 USD) na maior parte das aldeias em redor da área de Obout. Atualmente, o preço deste recurso aumentou drasticamente e o número de larvas que são vendidas a 100 CFA baixou de 12 para 4 indivíduos. Em comparação com outras fontes de proteínas, um quilograma de larvas de gorgulho ainda é menos caro do que a carne de vaca sem espinhas, mas mais caro do que o peixe e a carne de vaca com espinhas (Figura 6).

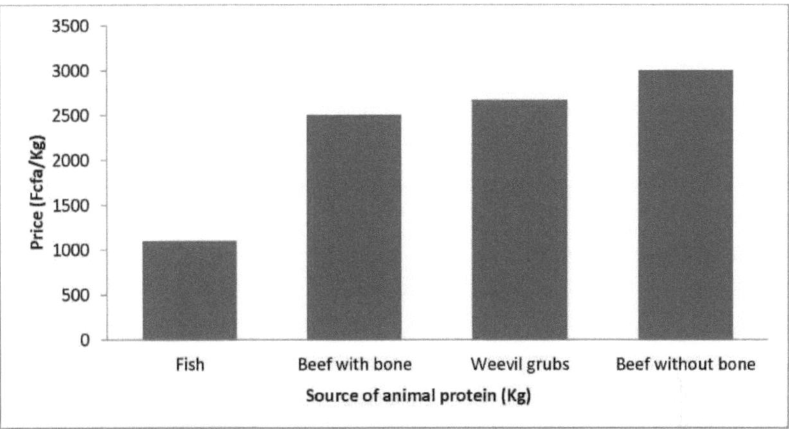

Figura 6: Comparação do preço por quilograma de larvas com outras fontes de proteínas.

Em cidades como Yaoundé, por exemplo, um copo contendo uma média de 43 larvas é vendido a 1500 CFA (3 USD). Em alguns casos, paus com 3 larvas grandes torradas ou 4 larvas pequenas são vendidos a 100 CFA (0,20 USD) em paragens de autocarro e outros locais públicos. Numa única viagem de negócios, um comerciante de larvas da cidade pode comprar uma média de 50 kg de larvas nas aldeias vizinhas. Esta quantidade de larvas está estimada em 133.500 FCA (267 USD), que é repartida entre os diferentes colectores que contribuíram para o abastecimento.

CAPÍTULO 19
CONCLUSÃO E RECOMENDAÇÕES

A dependência humana dos escaravelhos e de outros grupos de insectos florestais para a subsistência nos Camarões é comum e está a aumentar. O potencial destes recursos como PFNM é particularmente significativo nos Camarões e em toda a bacia do Congo. Quando corretamente recolhidos, os insectos são considerados como uma fonte limpa de proteínas em muitas zonas rurais, além de que a sua exploração e comércio proporcionam um rendimento complementar a muitas pessoas que dependem da floresta. No entanto, a exploração dos insectos-pet continua a ser informal, mal organizada, não regulamentada e a exportação para a maioria dos mercados internacionais é feita por contrabando.

Apesar da importância socioeconómica dos insectos comerciais comestíveis e não comestíveis, a sua integração em esquemas de gestão sustentável das florestas está atrasada nos Camarões, mesmo no contexto da gestão participativa das florestas e da conservação baseada na comunidade. No entanto, o potencial dos insectos como PFNM tem de ser reconsiderado e plenamente valorizado. Entre outras questões, é necessária investigação adicional para compreender melhor os potenciais socioeconómicos, as áreas geográficas, os ciclos de vida, as plantas hospedeiras, as abundâncias e os níveis de vulnerabilidade das espécies de insectos comestíveis e comerciais. Além disso, devem ser tomadas medidas para promover a contribuição dos insectos florestais para a melhoria dos meios de subsistência, a conservação da biodiversidade e a sustentabilidade ambiental. Propomos que tais medidas consistam em:

- ❖ Melhorar os métodos actuais de colheita, conservação, embalagem e comercialização de insectos comerciais comestíveis e não comestíveis;

- ❖ Desenvolvimento de um quadro jurídico favorável à exploração sustentável e à comercialização de espécies de insectos florestais;

- ❖ Desenvolvimento de cadeias de mercado (em contextos nacionais e internacionais) de insectos comerciais comestíveis e não comestíveis;

- ❖ Definição de quotas de exploração para espécies endémicas e/ou raras de insectos florestais comerciais de elevado valor, a fim de assegurar a gestão sustentável e a durabilidade dos recursos;

- ❖ Alargar a investigação sobre a domesticação de espécies de insectos florestais altamente comestíveis e/ou comercializados;

- ❖ Desenvolvimento de empresas baseadas em insectos para promover a transformação de recursos de insectos em produtos industriais úteis.

REFERÊNCIA

Amariei, 2005. Conformidade legal no sector florestal. Estudo de caso dos Camarões. Relatório final, 29p.

Arnold, J.E.M, e M. Ruiz Perez. 1999. The Role *of Non-timber Forest Products in Conservation and Development* (O Papel *dos Produtos Florestais Não-Madeireiros na Conservação e no Desenvolvimento*). In: Wollenberg E. & Ingles A. (eds.) Incomes from the forests: methods for the development and conservation of forest products for local communities. CIFOR e IUCN, Bogor, Indonésia. 17-41 pp.

Asibey EAO e Child G. 1991. Wildlife management for rural development in sub-Saharan Africa. *Nature etFaune7:36-47.*

Banjo, A.D., O.A. Lawal, e E.A. Songonuga. 2006. O valor nutricional de catorze espécies de insectos comestíveis no sudoeste da Nigéria. *Jornal Africano de Biotecnologia* 5:298301.

Barbault, R. 1995. Biodiversity: stakes and opportunities. *Nature & Resources*, **31**, 18-26.

Basset, Y., Aberlenc, H. P., Barrios, H., Curletti, G., Berenger, J. M., Vesco, J. P., Causse, P., Haug, A., Hennion, A. S., Lesobre, L., Marques, F. & O'meara, R. 2001. Stratification and dial activity of arthropods in a lowland rainforest in Gabon. *Biological Journal of the Linnean Society*, **72**, 585-607.

Belcher, B.M., M. Ruiz Perez, e R. Achdiwan. 2005. Global Patterns and Trends in the Use and Management of Commercial NTFPs: Implications for Livelihoods and Conservation. *World Development*, 33: 435-1452.

Benson T. 2004. A situação da segurança alimentar e nutricional em África: Where are we and how did we get here. Documento de Discussão 2020 37. Washington, D.C. EUA: Instituto Internacional de Investigação sobre Política Alimentar (IFPRI).

Bergl A.R., Bradley J.B., Nsubuga A. e Vigilant A. 2008. Effects of Habitat Fragmentation, Population Size and Demographic History on Genetic Diversity (Efeitos da Fragmentação do Habitat, Tamanho da População e História Demográfica na Diversidade Genética): The Cross River Gorilla in a Comparative Context. American Journal of Primatology 70:848-859.

Hotspots de biodiversidade para prioridades de conservação. Nature, 403, 853-858.

Borror, D.J., Triplehorn, C.A., & Johnson, N.F. 1989. *An introduction to the study of Insects.* Saunders College Publishing. Nova Iorque, 996 p.

Bouvier G. 1945. Quelques questions d'entomologie veterinaire et lutte contre certains arthropodes en Afrique tropicale. *Ata trop.* 2: 42-59.

Bouyer, J., Youssoufou, S., Yahaya, S., Cesar, J., Guerrini, L., Kabore-Zoungrana, C. &Dulieu, D. 2007. Identificação de indicadores ecológicos para monitorizar a saúde do ecossistema no Parque Regional Transfronteiriço W: Um estudo piloto. Biological conservation, **138**, 73-88.

Cambefort, Y. 1994. Tamanho do corpo, abundância e distribuição geográfica dos escaravelhos das dunas agrotropicais. Ata Oecologia 15 : 165-179.

Chardonnet, P., Fritz, H., Zorzi, N. e Feron, E. 1995. Current importance of traditional hunting and major contrasts in wild meat consumption in sub-saharan Africa. Integrating people and wildlife for a sustainable future, (eds Bissonette, J. A. and Kraussman, P.R.), 304307

CIFOR, 2011. Cameroun: une richesse forestiere ignoree. Descarregado em www.cifor.cgiar.org/pro-formal. Última data de acesso 20/10/2014

Davis, S. D., V. H. Heywood, e A. C. Hamilton. 1994. Centros de Diversidade Vegetal: A Guide and Strategy for their Conservation. Volume 1: Europa, África, Sudoeste Asiático e Médio Oriente. Cambridge, Reino Unido: Unidade de Publicações da IUCN.

De Foliart G.R. 1992. Os insectos como alimento humano. Proteção das culturas, **5** (11): 395-399.

De Foliart G.R. 1992. Os insectos como alimento humano. Proteção das culturas, 5 (11): 395-399.

De Foliart GR. 1997. Uma visão geral do papel dos insectos comestíveis na preservação da biodiversidade.

Ecology of Food and Nutrition 36:109-32.

Dolphin, K. &Quicke, D.L.J. 2001. Estimar a riqueza global de espécies de um taxon incompletamente descrito: um exemplo usando vespas parasitóides (Hymenoptera : Braconidae). *Biological Journal of the Linnean Society,* **73**, 279-286.

Dounias, E. 2003. L'exploitation meconnue d'une ressource connue: La recolte des larves comestibles de charangons dans les palmiers raphia au Cameroun. In Les "insectes" dans la tradition orale editado por E. Motte-Florac e J.M.C. Thomas pp. 257-222. Paris, Louvain, Peeters, Selaf (Ethnosciences).

Dreyer, J.J., Wehmeyer, A.S. 1982. Sobre o valor nutritivo dos vermes mopanie. *South African Journal of Science* **78**: 33-35.

Ealand, C.A. 1915. *Insects and Man*. Grant Richard Ltd, Londres.

Ene, J. C. 1963. *Insects and Man in West Africa (Insectos e Homem na África Ocidental)*. Imprensa da Universidade de Ibadan.

Erwin, T.L. & Scott, J.C. 1980. Padrões sazonais de tamanho, estrutura trófica e riqueza de coleópteros no ecossistema arbóreo tropical: a fauna da árvore Lueheaseemannii Triana e planch na zona do canal do Panamá. *Boletim de Coleopteros*, **34**, 305-322.

Erwin, T.L. 1982. Florestas tropicais: a sua riqueza em Coleoptera e outras espécies de artrópodes. *Coleopterists Bulletin,*36, 74 -75

Fa JE, Yuste JEG e Castelo R. 2000. Mercados de carne de animais selvagens na ilha de Bioko como medida da pressão de caça. *Conservation* Biology14:1602-13.

FAO 1995. Produtos florestais não lenhosos para o rendimento rural e a silvicultura sustentável. Produtos florestais não lenhosos 7. FAO. Roma.

FAO 2001. Comité de Segurança Alimentar Mundial: Avaliação da situação da segurança alimentar mundial. Rome.

FAO 2006. Avaliação global dos recursos florestais 2005: progressos no sentido de uma gestão sustentável das florestas.

FAO 2010. Avaliação global dos recursos florestais: Coberto florestal, Tipos de florestas, Repartição dos tipos de florestas, Alteração do coberto florestal, Florestas primárias, Designação das florestas, Perturbações que afectam as terras florestais, Valor das florestas, Produção, comércio e consumo de produtos florestais.

FAO, 1999. FAO Forestry: Towards a harmonised definition of non-wood forest products (Para uma definição harmonizada de produtos florestais não lenhosos). *Unasylva* 198: 63-66.

FAO, 2003. Forestry outlook study for Africa: African forests: A view to 2020, Roma.

Focho, D.A., Ndam, W.T. e Fonge, B.A. 2009. Plantas medicinais de Aguambu - Bamumbu nas terras altas de Lebialem, província do sudoeste dos Camarões. Jornal Africano de Farmácia e Farmacologia 3: 1-13.

Fomete T. e Djeumo A. 2001. The Forestry Taxation System and the Involvement of Local Communities in Forest Management in Cameroon (O Sistema de Tributação Florestal e a Participação das Comunidades Locais na Gestão Florestal nos Camarões)

Forboseh, P.F., Eno-Nku, M. e Sunderland, T. C. H. 2007. Definição de prioridades para a conservação no sudoeste dos Camarões com base em levantamentos de grandes mamíferos. *Oryx* 41(2): 255-262.

Gaston, K.J. 1991. The magnitude of global insect species richness. *Biol.* **5**, 285-296 **Geertsema H., van den Heever J.A**. 1996. A new beetle Afrocupesfurmae gen. et sp. nov. (Permocupedidae) from the Late Palaeozoic Whitehill Formation of South Africa. *South African Journal of Science,***92**, 497-499.

Kameoka, S., e H. Kyono. 2004. A Survey of the Rhinoceros Beetle and Stag Beetle Market in Japan [Um estudo do mercado do escaravelho-rinoceronte e do escaravelho-escorpião no Japão]. Publicado pela primeira vez em japonês em 2003, edição inglesa em 2004. Traffic East Asia- Japan, Tóquio.

Kellert, S. 1993: Values and perceptions. Yale University press.

Kremen C. 1992. Avaliação das propriedades indicadoras dos conjuntos de espécies para a monitorização de áreas naturais. *Aplicação Ecológica,* **2**, 203-217

Kremen, C., Colwell, R.K., Erwin, T., Murphy, D.D., Noss, R.F. &Sanjayan, M.A. 1993. Assemblages de artrópodes terrestres: a sua utilização no planeamento da conservação. *Conservation Biology***7**, 796-808.

Letouzey, R. 1968. Note phytogeographique du Cameroon. *Encyclopedie Biologique,* Paris, 508 p.

Levang P, Dounias E, Sitorus S. 2005. Out of the forest, out of poverty? For **TreesLivelih15**:211-235

Lupoli, R. 2010. *L'insecte medicinal.* Edições Ancyrosoma, Fontenay-sous-Bois, França.

Malaisse, F. *1997.Se nourrir en foret claire africaine.* Abordagem ecológica e nutricional. Les Presses agronomiques de Gembloux. Gembloux, Bélgica.

Mathur RB, Shiva MP 1996. *Standard NTFP classification and documentation manual*. Dehra Dun: Khanna Bandhu.

May, R.M. 1992. How many species in habit the Earth? *Scientific American,* **267**, 42-48.

Mbah, E. C., e V. G. Elekima 2007. Composição de nutrientes de alguns insectos terrestres. *Revista Ciência Mundial,* 2: 17-20

MINAGRI/WFP 2001. Análise da segurança alimentar e da situação de vulnerabilidade nos Camarões.

Ministério do Ambiente e das Florestas (MINEF). 1998. "Manual de Procedimentos para a Atribuição e Normas para a Gestão das Florestas Comunitárias". Yaoundé, Camarões: MINEF.

Muafor FJ, Levang P e Le Gall P. 2014. Uma iguaria estaladiça: Besouro Augosoma como fonte alternativa de proteína no leste dos Camarões. *Jornal Internacional da Biodiversidade*: Artigo ID 214071, 7 páginas.

Muafor FJ, Levang, P e Le Gall P. 2012. Ganhar a vida com os insectos da floresta: Os escaravelhos como fonte de rendimento no sudoeste dos Camarões. *Revista Internacional de Silvicultura* 14(3):314-25.

Muafor, F.J., Gnetegha A.A, Le Gall P. e Levang P. 2015. Exploração, comércio e criação de larvas de gorgulho da palmeira nos Camarões. Documento de Trabalho 178 do CIFOR. Bogor, Indonésia, 32p.

Myers N., Mittermeier R.A., Mittermeier C.G., Fonseca G.A.B.D., Kent J. 2000.

Ndoye O, Ruiz-Perez M e Eyebe A. 1997. The markets of non-timber forest products in the humid forest zone of Cameroon. Londres, Grande Bretagne, Overseas Development Institute, Rural Development Forestry Network, ODI Network Paper 22c.

New, R.T. 2007. Os escaravelhos e a conservação. *Jornal de Conservação de Insectos*, 11: 1- 4

Nke, N. 2008. Deforestation au Cameroun: causes, consequences et solutions. *Alternative Sud,* Vol 15. 15-2008/155

Novotny, V., Drozd, P., Miller, S.E., Janda, M., Basset Y., &Weiblen, G. D. 2006 Porque é que existem tantas espécies de insectos herbívoros nas florestas tropicais? Science, **313**, 11151118.

Oates, J.F., Bergl, R. A. & Linder, J. M. 2004. Africa's Gulf of Guinea Forests: Biodiversity Patterns and Conservation Priorities. Advances in Applied Biodiversity Science, no 6. Washington .D. C. 90 p.

Peters, C.M., A.H. Gentry e R.O. Mendelsohn. 1989. Valuation of an Amazonian rainforest. Nature, 339: 655-656.

Quinn, P. J. 1959. Foods and Feeding Habits of the Pedi, Witwatersrand, Universidade de Joanesbury, República da África do Sul. 278 p.

Ramos-Elorduy J. 1997. Os insectos: Uma fonte sustentável de alimentos. Ecol. Food. *Nutr. 36: 247 276.*

Ramos-Elorduy, J. 1997. Os insectos: Uma fonte sustentável de alimentos. *Ecology of Food and Nutrition* 36:247-276.

Reed, E. e Miranda, M. 2007. Assessment of the Mining Setor and Infrastructure Development in the Congo Basin Region (Avaliação do Setor Mineiro e Desenvolvimento de Infra-estruturas na Região da Bacia do Congo). Relatório do WWF. 27p.

Reitter, E. 1961. Beetles. G. P. Putnam's Sons, Nova Iorque, NY.

Rigout, J. & Allard, V. 1992. Les *Coleopteres du Monde 12. Cetoniini 2.* Sciences Nat publ. Compiegne, 100 p.

Ruiz Perez, M. 2005. *Poverty alleviation and forest conservation: the role of non-timber forest products.* Em Non-Timber Forest Products between poverty alleviation and market forces, editado por J.L. Pfund e P. Robinson, pp. 8-13. Inter Cooperation, Suíça.

Rede Florestal de Desenvolvimento Rural. Documento da rede 25b.10p.

Sakai K. & Nagai S. 1998. *Os escaravelhos cetoniíneos do mundo.* Série Monográfica de Insectos de Mushi-Sha, Vol. 3.

Schuster, J.C. e L.B. Schuster. 1997. A evolução do comportamento social em Passalidae (Coleoptera). *In: The Evolution of Social Behavior in Insects and Arachnids* (ed. por J.C. Choe& B.J. Crespi). pp. 260-269. Cambridge University Press, Cambridge.

Stack J, Dorward A, Gondo T, Frost P, Taylor F e Kurebgaseka N. 2003.*Mopane worm utilization and rural livelihoods in Southern Africa.* Conferência sobre Meios de Subsistência do CIFOR, Bona.

Stork, N.E. 1988. Insect diversity: facts, fiction, and speculation (Diversidade de insectos: factos, ficção e especulação). *Biological Journal of the Linnean Society,***35**, 321-337

Tango M. 1981. *Les insects comme aliments de l'homme.* Publicações CEEBA 69 (Série II). 177 pp.

Tsi E. A. 2006. Situação da Vida Selvagem e suas Utilizações nos Parques Nacionais de Faro e Benoue, no Norte dos Camarões: Case study of the Derby Eland (*Taurotragusderbianusgigas* Gray, 1947) and the African Wild Dog *Lycaonpictus* Temminck, 1840). Universidade Técnica de Brandenburgo, Alemanha. Faculdade de Ciências Ambientais e Engenharia de Processos. Tese de doutoramento 165p.

UNDP/UNEP/GEF, 2001. A Integração da Biodiversidade nos Procedimentos Nacionais de Avaliação Ambiental: National Case Studies, Cameroon. Produzido para o Programa de Apoio ao Planeamento da Biodiversidade.

Van Huis A, Van Itterbeeck J, Klunder H, Mertens E, Halloran A, Muir G e Vantomme P. 2013. *Insectos* *comestíveis: Perspectivas futuras para a segurança alimentar humana e animal.* Documento florestal da FAO n.º 171. Roma: FAO.

Van Itterbeeck, J. e A. Van Huis. 2012. Manipulação ambiental para a aquisição de insectos comestíveis: uma perspetiva histórica. *Journal of Ethnobiology and Ethnomedicine* 8: 7pp. Disponível em: http://www.ethnobiomed.com/content/8/1/3. Acedido em 2 de setembro de 1014.

Vantomme P, Gohler D e N'deckere-Ziangba F. 2004. *Contribuição dos insectos florestais para a segurança alimentar e a conservação das florestas: O exemplo das lagartas na África Central.* ODI Wildlife Policy Briefing No. 3. Http://www.odi-bushmeat.org/wildlife policy briefs.htm **Vantomme P, Gohler D e N'deckere-Ziangba F. 2004.** Contribuição dos insectos florestais para a segurança alimentar e a conservação das florestas: The example of caterpillars in Central Africa.ODI Wildlife Policy Briefing No. 3. Http://www.odi-bushmeat.org/wildlife policy briefs.htm **Wilkie DS e Carpenter J. 2000.** The potential role of safari hunting as a source of revenue for protected areas in the Congo Basin. Oryx33:340-5.

Printed by Books on Demand GmbH, Norderstedt / Germany